杭嘉湖蚕桑文化传承与发展研究

张 帅 著

中国原子能出版社
China Atomic Energy Press

图书在版编目（CIP）数据

杭嘉湖蚕桑文化传承与发展研究 / 张帅著. --北京：
中国原子能出版社，2023.8

ISBN 978-7-5221-2952-5

Ⅰ．①杭…　Ⅱ．①张…　Ⅲ．①蚕桑业–文化研究–浙
江　Ⅳ．①S88

中国国家版本馆 CIP 数据核字（2023）第 168613 号

杭嘉湖蚕桑文化传承与发展研究

出版发行	中国原子能出版社（北京市海淀区阜成路 43 号　100048）	
责任编辑	王　蕾	
责任印制	赵　明	
印　　刷	北京天恒嘉业印刷有限公司	
经　　销	全国新华书店	
开　　本	787 mm×1092 mm　1/16	
印　　张	11.625	
字　　数	203 千字	
版　　次	2023 年 8 月第 1 版　2023 年 8 月第 1 次印刷	
书　　号	ISBN 978-7-5221-2952-5	**定　价　72.00 元**

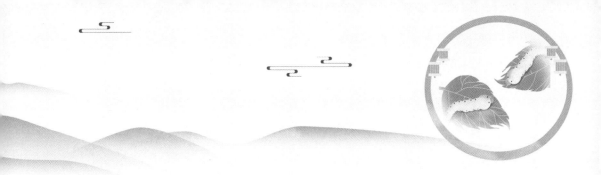

前　言

　　杭嘉湖地区是我国蚕桑主产区和蚕桑文化的代表性区域，被冠以"中国蚕乡"的称号。在这片地势低洼、水网密集的湿软土地上，先民们通过"横塘纵溇"的方式，对大自然进行改造，大力种植耐旱不喜湿的桑树，发展桑蚕业，并最终使杭嘉湖地区成为桑蚕业的核心地带。

　　近年来由于经济结构的调整与变迁，当地的支柱产业已经由以蚕桑生产为主的第一产业过渡到以丝绸产品制作与销售为主的第二、第三产业。各级政府也从更为宏观的角度对其进一步传承、发展进行了相应的保护与开发工作。

　　本书立足杭嘉湖蚕桑产区，通过实地考察与调研，一方面呈现以政府及知识精英为主体的"挖掘—保护—开发—利用"路径的开展状况、获得的社会效益、面临的问题和拟解决的办法；另一方面展现广大人民群众在日常生活之中传承与创新蚕桑文化的实践方式、价值目标、社会效果与情感力量。因此而形成以下两点旨趣：第一，系统描述并整理杭嘉湖蚕桑类非物质文化遗产的丰富资源，着重展现其当下的文化样态与传承状况，为学界提供新的资料；第二，立足民众日常生活，在生活层面上认识和理解民众传承与创新传统文化的当代实践，进一步发现和总结其实践方式、价值目标、社会效果等，从而倡导学界对传统文化、非物质文化遗产在日常生活层面的传承进行关注。本书对杭嘉湖区域内蚕桑文化相关的部分国家级、省级非物质文化遗产代表性项目进行了广泛的田野调研，并运用文献和田野资料勾勒出其诞生与发展的过程，着重描述社会转型期桑蚕业在当地的发展传承状况，在此基础之上形成了七篇兼具学术性与资料性的专题研究，分别归纳为本书的七个章节。

第一章杭嘉湖蚕桑生产习俗传承现状调研报告，面向杭嘉湖区蚕民的蚕事生产习俗，主要关注先后被列为浙江省非物质文化遗产代表性项目的海宁市云龙蚕桑生产习俗、杭州市临平区塘栖茧圆与蚕桑生产习俗，以及湖州市安吉县马村蚕桑生产技艺，在对杭嘉湖区的蚕桑产业发展背景和蚕民日常生活进行梳理的基础上，重点从民间传承的角度考察蚕桑生产技艺类非物质文化遗产的存续状况，并选定嘉兴市海宁县周王庙镇云龙村的蚕桑生产习俗为个案进行分析研究。

第二章桐乡蚕桑民俗传承现状调研报告及第三章湖州蚕桑民俗传承现状调研报告，侧重于民众特色节日及日常生活中的蚕桑民俗文化，分别具体描述了桐乡双庙渚蚕花水会（浙江省级非物质文化遗产代表性项目）、含山轧蚕花（国家级非物质文化遗产代表性项目）、德清新市庙会（浙江省级非物质文化遗产代表性项目）、扫蚕花地（国家级非物质文化遗产代表性项目）等四项民俗类非物质文化遗产代表性项目。

第四章湖州丝织技艺传承现状调研报告，以湖州区域内"辑里湖丝"和"双林绫绢"两个国家级非物质文化遗产代表性项目为个案，将关注点放置于蚕桑生产的下游产业——蚕丝织造。双林绫绢和辑里湖丝都面临着工业技术发展带来的机械化对传统手工艺的传承与发展带来巨大冲击的现实问题，如何在保证生产效率的基础上，尽量保持传统手工艺的有序传承；如何充分挖掘和激发传统手工艺的经济价值，还需要相关管理部门进一步谋划。

第五章高杆船技的传承现状与艺人口述史整理报告，相较前几章而言更为聚焦，围绕"高杆船技"这一国家级非物质文化遗产代表性项目，着重刻画了几位高杆船技的艺人，突出了对"小写的人"及其内心情感的现实关照。高杆船技是本书所列举的诸多项目中传承最艰难也最有可能率先消亡的项目，而这也是本书优先对高杆船技艺人口述史进行整理的重要原因。

第六章杭嘉湖蚕桑丝织文化生态区现状调查报告与第七章生产性保护的经验与启示——以杭州织锦技艺、杭罗织造技艺为例则将视点转移到"自上而下"的官方视角。前者着重关注浙江省在杭州临平、嘉兴海宁、湖州德清三地设立的蚕桑文化生态保护区，对于当地蚕桑相关非物质文化遗产代表性项目及相关民间文化的保存、传承和发展所起到的作用，以及存在的问题；后者则以"杭州织锦技艺""杭罗织造技艺"两项国家级非物质文化遗产代表性项目为例，探讨"生产性保护"的经验与启示。

　　总体而言，蚕桑文化是在特定社区，由全体民众共同享有和传承的民间文化，也只有在特定的时空和人群中才能作为活态的文化始终保持生机与活力。因此，学术界对蚕桑文化进行关注，除了对区域内蚕桑文化进行专项调查，记录各种蚕桑文化的传承现状，或者通过文献从历史长时段的维度考察蚕桑文化的发展之外，也要重点关注其以乡民为实践主体的生活传承路径，关注民众对相同历史事件的不同记忆和亲历叙事，尤其注重民众内心充满了情感和价值理想的表达与实践。这就需要研究者们要突破只关注传统文化观念层面进行研究的局限，转而在生活层面上认识和理解广大民众传承与创新传统文化的当代实践，通过实地调查研究，发现和总结民众传承与创新传统文化的实践方式、价值目标、社会效果等。以此探讨中华优秀传统文化的传承、保护、弘扬的机制与对策，促进中华文化的多样性与可持续发展。

目 录

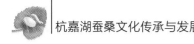

第一章　杭嘉湖蚕桑生产习俗传承现状调研报告

一、杭嘉湖蚕桑产业背景与民众日常生活

（一）杭嘉湖地区基本情况

杭嘉湖地区位于浙江省域内，一般指杭州、嘉兴、湖州浙北三市，该区域西邻天目山，北接太湖，南以杭州湾和钱塘江为界线，北、东、南分别与江苏省、上海市、安徽省相邻，属于长三角地区，同时也是浙江省内最大的平原。这里土地肥沃，物产丰富，有望不尽的桑林、稻田，一直以来都是浙江省内人民生活比较富庶的地区，素有"鱼米之乡、丝绸之府"之称。在历史上，杭嘉湖地区是名副其实的蚕桑产业大区，同时也是世界丝绸文化发祥地之一。出土于湖州市郊钱山漾遗址的蚕丝织物，是迄今为止发现的世界上最悠久的丝织物之一，有近 5000 年的历史。湖州丝绸不仅在国内有名，还通过丝绸之路名扬天下，享有"湖丝衣天下"的美誉。

准确来说，杭嘉湖的地理范围包括杭州市的部分地区以及湖州市、嘉兴市的全域，地面高度由南向北逐渐降低，域内除了少数几座丘陵之外，其余地势均较为低平。该地土壤由长江、钱塘江两大水系所夹带的泥沙经过千百年沉积而来，因此又被称为"潮土"，这里土层深，耕性好，极适于桑树种植。所以该地区的桑园主要分布于河流两岸、圩田四周及池塘地边等地，形成了"桑基圩田""桑基鱼塘"等极具特色的农业文化景观。

杭嘉湖地处亚热带季风区，天气温和、湿润多雨、四季分明，全年无霜期 199～328 天，是全国气候最优良的地区之一，这里的自然环境和条件很适合种桑养蚕、缫丝剥茧。4 月至 9 月是最适宜养蚕的时节，在这 6 个月中，该地每月平均气温为 15.8～23.4 ℃，夏季最高气温 39.8～42.9 ℃，相对湿度 76%～81%，每月平均降水量则为 47.1～231.1 毫米，非常适宜蚕的生长。

当然，杭嘉湖蚕桑业的发展既离不开得天独厚的地理条件，也得益于当地人民的劳动智慧。杭嘉湖地区的蚕农在生活实践中积累了十分实用的蚕桑生产传统知识，至今值得我们学习。关于桑树的种植，蚕农便有诸多经验。栽种桑树的土地应选择高平地段，这是因为低湿之地易积水而对桑树根部造成伤害，在栽桑时要先锄地松土防止积水。桑树则不宜种得过密，在土坑处加粪水和之，使泥土变得厚重而富有养分，这样桑树栽下就无须日日浇灌。"桑宜肥，肥则叶厚而光润，冬春必须沃之以粪。粪桑之法，于桑旁掘一小坑，实以粪，以土覆之，使其气下降，根乃日深。"[①]因此杭嘉湖地区的桑树叶片大而厚，叶面有光泽，叶里有养分，适合家蚕食用，所产茧丝质量上乘。当今湖州菱湖一带的桑基鱼塘也是杭嘉湖蚕农多年以来实践成果。养蚕的人家把蚕的粪便抛入池塘喂鱼，而鱼塘里形成的厚厚的淤泥可以用来给桑地施肥，桑树吸收养分生长出茂盛的桑叶又用来喂蚕，如此循环构成一种生态友好的生物链，还起到了保护环境的作用。喂蚕所用的桑叶要讲究鲜嫩，不符合条件的桑叶可以用来喂养牛羊等动物，还可以当作造纸的原料。关于劳动分工，蚕区一般实行男耕女织，男的主外，负责在田里种水稻，女子主内，负责在家里养蚕。养蚕的姑娘俗称"蚕娘"，杭嘉湖地区的蚕娘在长期饲养实践中摸索出一套独特的养蚕技术，她们认真细致、技艺精湛、养蚕绩效显著。但各家有各自的养蚕"秘诀"，技艺一般不外传，因此在养蚕时节，通常家家关门闭户，邻里不相往来。在杭嘉湖地区，蚕桑生产的物质生产方式源远流长而又是至关重要的，因而对这一带人们的社会生活、物质生活、精神生活都造成了深刻影响。

（二）杭嘉湖蚕桑产业的历史发展脉络

杭嘉湖地区的蚕桑产业具有悠久的历史，根据考古资料，在距今大约 4700 年前，这里已经出现丝织产品。不过从历史文献中记载的数据来看，在宋代

---

① （清）沈练. 广蚕桑说辑补［M］. 北京：中国书店，1993.

以前，杭嘉湖的蚕桑丝织业明显落后于北方和川蜀地区。春秋战国时期，蚕桑养殖、种植基本以齐鲁等北方地区为核心，较为平均地分布于黄河流域；两汉时期，其重心开始有南移的趋势，南方的养蚕技术的传播速度和桑树种植区域的扩大速度均大于北方[1]。而杭嘉湖地区的蚕桑产业大致从三国至隋唐五代开始得到较快发展，其中的重要原因之一是彼时北方地区长期战乱，而南方地区相对稳定，大量北方居民迁至江南的同时也带来了先进的蚕桑生产技术。进入宋代以后，蚕桑产业南盛北衰的现象进一步发展，尤其是南宋皇室定都临安（今杭州），更加奠定了杭嘉湖地区蚕桑产业的重要地位。延至明清时期，江南地区已经成为了中国乃至世界丝绸的最主要产地，蚕桑丝织业的重心彻底完成了南迁，而杭嘉湖则理所当然地成为江南地区蚕桑产业的核心区。

杭嘉湖地区凭借着得天独厚的地理位置及气候条件，在明清时期蚕桑生产尤为繁荣，在此梳理了一些杭嘉湖三府中具有代表性的从事蚕桑生产的地区。在浙江湖州，各县都遍地植桑，门前屋后方寸之地都栽着桑树。"明洪武、永乐、宣德年间，敕令植桑报闻株数，以是各乡桑柘成荫，蚕丝广获，今邑中穷乡僻壤，无地不桑，季春孟夏，无人不蚕。"[2]当时较为贫穷落后的德清县农民纷纷从种植粮食转为植桑养蚕，这是因为养蚕的收益十分可观，为农家带来了丰厚的回报。《吴兴掌故集》对此写道："蚕桑之利，莫盛于湖。大约良地一亩，可得叶八十个。计其一岁垦锄壅培之费，大约不过二两，而其利倍之[3]。湖州各县所产蚕丝中，属归安东林最为有名，"吾郡丝，以归安出者佳，而归安以东林为最。阆湖之产，莫珍于丝绵。"[4]湖丝闻名于天下，给当地的农业经济发展起到了极大的促进作用。

嘉兴府在彼时也是遍地桑林，崇德县域范围内"桑林稼陇，四望无际"[5]。桐乡县"田地相匹，蚕桑利厚"[6]，可见当时蚕桑生产所获利润高于百姓所能从事的其他产业数倍，民众在经营蚕桑中所获得的收入也高于种植粮食所得，民众将大部分精力都投入蚕桑生产，开辟治理荒地，用于种桑，所种桑数目

① 黄为放. 丝绸文化 [M]. 长春：吉林文史出版社，2010.
② 德清县志：卷四 [M]. 清康熙十二年抄本第 161 页。
③ 刘承干. 吴兴丛书　吴兴掌故集：卷十三 [M]. 吴兴刘氏嘉业堂.
④ 吴玉树. 东林山志：卷二十一 [M]. 北京：中国文化出版社，2021.
⑤ 嘉兴府志：卷二十五 [M]. 上海：上海古籍出版社，2013.
⑥ 张履祥，夏敬观. 补农书　上下　振兴中国棉业说　上下 [M]. 通学斋.

难以计数。明朝朱逢生著有《桐乡夜织》："桑拓绿阴肥，千村翳夕霏。机声交轧轧，灯火竞辉。贾客留金去，儿郎出市归。喜输官赋足，谁复叹无衣？"丝绸交易已成规模化集市，家家户户的机杼缲丝声不绝于耳。康熙三十八年（公元 1699 年），康熙帝南巡时做赋："朕巡省浙西，桑林被野，天下丝缕之供，皆在东南。而蚕桑之盛，惟此一区。"①也有部分御制诗提到了蚕桑，如《浙省道上书怀》："遍野农桑绕翠旌，畦边童叟带云耕。江山尽是升平日，寸暑难忘终始情。"②

杭州府"九县皆养蚕缲丝，岁入不赀，仁和、钱塘、海宁、余杭贸丝尤多"。③余杭县在明时"男务稼穑，女勤织纴，尤善御蚕"④，已有在蚕月里蚕农不相往来直至蚕熟茧成的风俗。在杭州西湖一带"自设蚕学馆后，湖滨隙地，渐栽桑树。……惟苏堤等处，向皆遍植桃柳，近始易栽桑树耳。"⑤可见明清时杭州地区栽桑养蚕业之普及。

明清时杭嘉湖蚕桑业如此发达，是因其具备人工、桑叶、房屋、机具四大要素。所谓天时地利人和，才形成了杭嘉湖空前繁盛的蚕桑交易市场。在蚕桑商品生产发展过程中，逐渐分化出了专业的内部交易，出现了专营桑叶、桑秧与蚕种的经营者。此类分工因地制宜，以各地自然条件为基础开展不同生产，使整个蚕桑产业链变得更为紧密。

（三）新的产业转型：蚕桑产业的衰落，现代产业的兴起

杭嘉湖的蚕桑产业拥有悠久的历史，也因此孕育出独具特色的蚕桑习俗和丝绸文化，这些文明是凝结在劳动人民生产和生活中的智慧结晶。然而，时代的洪流滚滚向前，科技和工业的浪花将传统产业压下一头，杭嘉湖蚕桑生产遭遇了如何转型及适应市场需求的问题，同时蚕桑习俗和丝绸文化的继承也面临着棘手的挑战。

21 世纪以来，随着中国加入世界贸易组织，中国的经济发展迈入了全新阶段。随着浙江等东部省份经济的快速发展，工业化和城市化速度的加快导致土地成本和人工成本不断上涨，往年从事蚕桑生产的劳动力转变为企业工

---

① 许瑶光，吴仰贤. 嘉兴府志 88 卷 卷首 2 卷［M］. 鸳湖书院，1878.

② 同①

③ 龚嘉俊，李楁. 杭州府志 卷八十［M］. 浙江省，1922.

④ 戴日强. 余杭县志 卷二［M］. 1991.

⑤ 胡祥翰. 西湖新志 卷十三［M］. 1926.

人，致使传统的蚕桑产业发展受到制约，生产规模逐年下降。2006 年，商务部发布《关于实施"东桑西移"工程的通知》，蚕桑生产重心向云南、贵州、四川等地转移，产业结构得到进一步调整。根据浙江省农业厅经济作物管理局所公布数据，2001 年浙江全省产茧量为 11.029 7 万吨，至 2010 年减为 6.386 4 万吨，仅为 2001 年产茧量的 57.90%。沿海地区的蚕桑原料主产区已逐步向中西部地区转移，但制造丝绸服装、蚕丝被等丝织产品的工厂数量在增多。杭嘉湖地区的蚕桑产业向丝织文化产业发展，从种桑养蚕到加工丝织品，再到丝绸文化创意产品，形成了蚕桑丝绸产业发展新局面。

在本次调研地点之一——云龙村所在的周王庙镇上，昔日兴盛的丝绸厂已成断瓦残砖，曾经攘来熙往的一切都在它的倒塌中灰飞烟灭，将来这片废墟上会立起怎样的建筑尚且未知，但周围矗立的电子厂和五金厂或已默然昭示。工业和其他种植业的兴起持续冲击着蚕桑产业，与其他产业相比，蚕桑生产的效益明显下降。在 2012 年，周王庙镇的葡萄产业收益就已远超蚕桑产业，大量农村劳动力流入二、三产业，蚕农的种桑养蚕积极性也在持续降低[①]。蚕桑生产涉及种桑养蚕两方面，是一个"苦、脏、累"的活，20 世纪 90 年代以来，大部分蚕农在完成新建住房或子女成家的目的之后，便不再从事蚕桑生产。加之新农村建设、美丽乡村、乡村振兴等一系列政策的推行，单从村容村貌来看，家家户户自建的颇具现代化气息的新房，就已经不再适合养蚕了。

蚕桑产业的生产和实践受到其他产业的冲击而逐渐衰落已成事实，其上的蚕桑习俗和丝绸文化便迫切需要得到进一步的保护与传承。早在 2005 年，国务院在《关于加强文化遗产保护的通知》中就明确提出了"文化生态区的保护"，杭嘉湖地区的一些传统蚕桑村落也正朝着建设蚕桑生产民俗的文化生态保护区努力。在提高群众对蚕桑文化保护认识的基础上，鼓励大众参与蚕桑文化保护，制定村规民约和村落发展规划，尽可能保持村民养蚕的积极性。

本章主要关注先后被列为浙江省非物质文化遗产代表性项目的海宁市云龙蚕桑生产习俗、杭州市临平区塘栖茧圆与蚕桑生产习俗以及湖州市安吉县马村蚕桑生产技艺，重点从民间传承的角度考察这三项生产技艺类非物质文化遗产的存续状况。云龙蚕桑生产习俗于 2009 年被列入浙江省第三批非物质文化遗产名录，云龙村被列为嘉兴市非物质文化遗产生态保护区。同年，塘

---

① 唐小兰. 周王庙镇蚕桑产业现状调查与思考 [J]. 蚕桑通报，2013，44（03）：43-45.

栖茧圆与蚕桑生产习俗也被列入浙江省第三批非物质文化遗产名录。2016 年，马村蚕桑生产技艺被列入浙江省第五批非物质文化遗产名录。

2009 年，嘉兴市人民政府在嘉兴市海宁市云龙村设立民俗类非物质文化遗产生态保护区，为开展全面的蚕桑生产民俗保护、研究、传承提供现实基础。近年来该村结合"美丽乡村"建设，成立蚕俗文化园，举办蚕俗文化节，促进了蚕桑生产民俗生态旅游项目的快速发展。

在塘栖的蚕桑生产习俗中，塘栖茧圆这一民俗项目独具特色，近几年，杭州市塘栖将蚕桑生产民俗与当地传统节日枇杷节融合在一起，设立"塘北蚕桑文化生态游"这一充满地方特色的民俗旅游项目，在其中设置了蚕桑生产中的各种民俗，如做茧圆等，体现了塘栖人独特的工艺。

湖州市安吉县马村在 2011 年升级改造了"马村村蚕桑文化馆"，并从 2014 年开始举办"安吉县马村村蚕桑文化活动"，使马村村的蚕桑生产技艺和习俗得到进一步地宣传与发扬，该村以发展果桑产业为主体，在每年举行的蚕桑文化节中开展赏桑园、采桑果、饮桑酒、品桑汁、观桑展等活动，实现了产业和文化的融合发展，打响了"浙北蚕桑第一村"的名声。

下面将对三项非遗项目的地域文化背景与传承现状进行分别陈述。

二、云龙蚕桑生产习俗

（一）云龙村基本情况

1. 地理环境

云龙村隶属浙江省嘉兴市海宁市周王庙镇，全村面积为 3.9 平方千米，位于周王庙镇西南 6 千米处，现下辖 24 个村民小组，由 19 个自然村落组成，共有 944 户，总人口 3 548 人（2020 年）。村庄主要姓氏为张、徐、沈。云龙村地处杭嘉湖平原南部，居钱塘江北岸，靠近杭州市，土地由古杭州湾被海水浸入时海域泥沙堆积或钱塘江推带泥沙沉积而成。据《海宁州志稿》记载，该地"土质松咸，广种瓜果、菜芥，并桑、棉。"①当地土质属钙质潮土区粉泥田土种，适于种植棉花、桑树等作物。按照历史文献的记载，1968 年以前，

---

① 李圭，许传沛，刘蔚仁. 海宁州志稿 卷 3 [M]. 南京：江苏古籍出版社，1922.

云龙村地貌并不平坦，地势起伏较大，土地利用效率不高。直至1968年生产队进行土地整理，才凭人工将土地挖平，将桑园集中在一起，方便进行农业管理。2002年至2005年期间，云龙村采用先进机器设备再一次大规模平整土地，最终形成了云龙村现在的地貌。

2. 历史沿革

民间普遍认为"云龙"二字应得名于附近的古云龙寺，"云龙寺在县西一十五里运塘北，宋庆元二年（1196年）建，元末兵毁，后并净妙寺。顺治间僧天奇重建。"[①]根据文献资料记载，清雍正年间（1723—1735年），此地为二都六庄及三都二庄、三庄和八庄。民国二十一年（1932年），改称汪店乡。民国二十三年（1934年），海宁被列入浙江省蚕桑改良区，范围涵盖云龙村所在区域。1950年5月，建政划为民主乡第一、第二村和牧港乡中心村。1955年11月，中心村成立"建一高级农业生产合作社"。1956年2月，民主乡第一、第二村合建"民一高级社"，是年石井乡与荆山乡合建为石井乡，建一、民一两社划入石井大乡管辖。1958年10月，石井大乡划入钱塘江人民公社管辖。1959年4月，政府将第一、第二行政村和中心村合并，成立云龙大队，隶属钱塘江人民公社，驻地云龙寺。1983年4月，政社分设，改称云龙村，设村民委员会，隶属钱塘江乡。2001年10月，钱塘江镇与周王庙镇合并，称为周王庙镇，自此，云龙村隶属周王庙镇，至今未变。

3. 文化传统

云龙村的蚕桑生产历史悠久，从中发展出的养蚕习俗是其最具特色的文化传统之一。这些习俗经过世世代代的流转与传承，在内容不断丰富的前提下，逐渐融入了蚕农的日常生活之中，尤以岁时节日、人生仪礼、民间信仰最具典型性。

春节期间，云龙村的许多传统活动与蚕桑文化有关，如扫蚕花地、演蚕花戏等。这些活动具有群体性特征，在追求热闹气氛的同时，也为了祈愿来年养蚕有个好收成。等到了清明，即将开始一年的养蚕生计，人们便请蚕神、吃蚕菜、踏青轧蚕花，做好养蚕准备。因为养蚕的时节和节奏，清明节是每年春蚕开养前最重要的传统节日，因此，清明节在云龙村民众的认知中，几

---

① 李圭，许传沛，刘蔚仁. 海宁州志稿卷7 [M]. 南京：江苏古籍出版社，1922.

乎是与春节一样盛大的节日。清明时节，蚕娘们会相约出门踏青，到寺庙或王坟等地祭祀求蚕花。清明当天的夜晚，云龙村民还有吃清明夜饭的习俗，夜饭的菜品均与养蚕有关，也称为"蚕饭"。

除却传统节日、节气中的蚕桑文化，云龙村蚕农在婚丧诸事中也有其独特蚕俗。蚕家姑娘婚嫁时，娘家向来有送蚕花的习俗，传言蚕花有预示蚕业兴旺之意。结亲一年后，婆家要"讨蚕讯"，即由蚕娘婆家带粽子、猪肉等物去娘家请蚕神；而娘家则要"望蚕讯"，即在"讨蚕讯"的第二天，由娘家备好数量更多的食物，再送去女婿家供奉蚕神。在丧礼中要扯蚕花挨子，蚕花挨子即丝绵兜，死者入殓时，亲属按长幼亲疏，每次两人用手扯一张薄薄的丝绵，盖在死者身上，越厚越体面，有保护死者遗体之意，也含有请死者保佑后辈生活安康、蚕花丰收的祈求。盘蚕花是死者入殓前，亲属绕遗体三圈，口中念念有词，称盘蚕花。这时点燃的灯烛未熄尽，亲属可带回，亦称"蚕花蜡烛"，放置于蚕室中可保佑养蚕丰收。

对蚕神的信仰崇拜是云龙村蚕桑文化传统的核心内容。云龙村传说蚕神有两位，一位是女神"马鸣王"，一位是男神"蚕花五圣"，当地蚕农以每年农历腊月十二为蚕神生日，在这一天，家家户户都要对蚕神进行祭拜。此外还有在蚕神信仰上衍生出的祛蚕祟习俗，主要有三：一是在蚕房墙壁上用石灰水画上白虎以辟邪；二是用桃枝祛祟辟邪，收幼蚕时，在蚕匾中放桃枝、蚕房里蚕柱上插桃枝。从别处买来桑叶饲蚕，在挑进蚕房前，要用桃枝条在桑叶上抽打三下，称为"拿个长头鞭三鞭"；三是送羹饭，蚕忙时有外人不小心进入蚕房，或蚕生了病，蚕娘要盛一盏冷饭，上放一根咸菜，插一只柴结的草鸡（称"柴嘟嘟"），端去倒在三岔路口。养蚕猫是村民吃"清明夜饭"时，在自家门口用筷击碗并嘴呼"猫咪"，称为"呼蚕猫"，云龙人认为这样可避免养蚕期间老鼠食蚕。

（二）云龙村蚕桑产业的历史发展与转型

据史料记载，清朝雍正年间（1723—1735 年），云龙村所在地域在栽桑养蚕、耕耘纺织方面就甚有规模了。民国时期，海宁被列入浙江省蚕业改良区，云龙村作为改良区的一部分，参与了海宁蚕桑产业的跨越式发展。新中国成立后，云龙村所属的石井大乡开始着重发展蚕桑业，建设集体蚕室。1959 年，云龙大队成立。在其成立初期，蚕桑生产的饲养与收获量并不稳定，根据云龙村保留的统计资料，1960年，全大队共饲养1 616张蚕种，平均张产24.5斤蚕茧，亩桑产茧57.8斤，生产效率非常低下，根本无法满足供给需求。1961年，在遭遇了新中国成立以来第一场严重干旱灾害后，蚕茧更是几乎绝产，这也让云龙人下定了"不破不立"的决心，来改变贫苦的现状。从1962年开始，云龙村通过参加培训、聘请技术指导员等不同方式提升自身的科技水准与专业水平，开始科学有序地进行桑园培育，引进桑树良种，并通过实施"三增四改"（增株、增拳、增条，改高杆为无杆、改稀植为密植、改劣种为良种、改靠天为旱涝保收）等手段，精心培育优良的桑树品种，以提高桑叶产量。同时在蚕的饲养方面也进行了专业性的调整，从以前的一年只养春、秋二期蚕改为一年饲养春、夏、中秋、晚秋三期四批的布局。此后，云龙大队的蚕桑生产大获成功，连续两年在产量上取得重大突破。1964年，云龙蚕桑产业继续科学发展，依靠省、地区、县蚕桑技术部门和有关科研院所的指导和帮助，云龙先后在养蚕方法、蚕品种、消毒药剂、桑品种、桑树养成形式、激素使用、蔟形与结茧率及茧质的关系等方面开展科学实验，蚕茧产量逐年提高。到1968年，全大队平均蚕茧张产、亩桑产茧分别达到65.1斤和216.8斤。是年起，云龙大队成立科学养蚕实验小组，继续培养蚕桑科研人才，开展桑园培育和养蚕科学实验，通过分析实验所得数据，积累生产转换经验。1972年，大队全年养蚕2 609张，平均张产75.6斤，创下当时张产的最高纪录，亩桑产茧则达到306.9斤，是1960年的6倍。至1981年，云龙大队饲养蚕种数量已达3 238张，亩桑产茧达370斤，蚕茧总收入为445 264.7元。

　　1982年，云龙村开始推行家庭联产承包责任制，云龙蚕桑生产步入了更完善的发展轨道。1985年，全村饲养蚕种超过4 000张，总产超过33.9万斤，比1982年增加53.5%。1992年全年饲养蚕种更是达到8 924.5张，总产56.8万斤。从1982年至1992年的十年间蚕茧产量翻了1.5倍，创历史新高。不过，传统的养蚕植桑在给当地人的生活带来了明显改善的同时，也在客观上带动了当地的产业转型与生计变迁。从事蚕桑生产虽然收入比较可观，但也确实辛苦、劳累，所以完成了一定的财富积累后，村民们就开始考虑向其他行业转型。实际上早在1985年，云龙村的村办工业就已经发展起来，至1995年，村办的具有一定规模的企业已达12家，有丝厂、绸厂、皮件厂、五金厂等。自此之后，云龙村的蚕桑产业呈现出逐年下滑的趋势，该村2006年的蚕茧产量已回落至20世纪70年代初的水平。现在，云龙村全力打造以蚕桑研学为主题的旅游村落，只有一些上了年纪的老人还在坚持养蚕，但也仅是或出于习惯，或出于情怀，或是打发闲散时间等原因象征性地养一季，少有村民继续以此为主要生计方式。

随着蚕桑产业逐渐退出村落的日常生活世界，民众在情感上对蚕桑的历史记忆愈加浓烈，因此，蚕桑文化在今天的云龙村得到了空前的重视，村委将村民们的情感需求与村落文旅融合的发展需求相结合，相继培育了"蚕俗文化节"、蚕俗文化园、蚕桑文化研学基地等多个文化项目，以此试图重拾并有效利用蚕桑民俗与记忆。

（三）蚕桑生产习俗的主要内容

云龙蚕桑生产习俗是从祖祖辈辈云龙人的辛勤劳作中产生的，它不仅凝结着云龙村人的心血，更承载着蚕桑文化延续发展下去的希望。作为杭嘉湖地区优秀传统文化的代表，云龙蚕桑生产习俗包括种桑养蚕的基本民俗知识、各种蚕具的使用，土法缫丝技艺，与蚕桑生产有关的蚕神信仰、各种民俗仪式，民间文艺等。

1. 种桑养蚕的基本民俗知识

云龙村在对桑苗的选择培育上，除了挑选产量高、适于当地种植的良种外，还会开展培育实践，通过嫁接来不断改良品种。在本年秋季开采桑叶时，须用剪刀剪叶柄中部而不能徒手采摘，并留下三四片叶以确保枝条充实。等到来年 3～4 月时，再选择良种进行接穗。在管理桑园时，要遵循四个要点：一是专业桑园退出间作，同时移除侵害桑树的作物；二是通过补齐桑园缺株，增加桑树条数，提高桑园密度；三是每年施肥四次，分别是冬肥、春季催芽肥、夏肥、秋季壮芽肥，并有"三担肥料一担叶"的经验；四是做好治虫、除草、修整枝叶等工作，治虫一般在春季桑树发芽前、夏伐及夏秋蚕发种前各用喷雾器洒药一次，冬季将药液注入树干防治桑天牛，并在开春季节进行人工捕虫。这些建立在科学基础之上的种植知识最终都作为一种口耳相传的经验而传承下来，从事桑树种植的农户们虽不一定能全面了解这些知识背后的科学道理，但却能够非常标准地贯彻、实践，因为这些知识早已成为内化于心的关于生计模式的民俗习惯。

云龙村在长期养蚕育蚕的历史中形成了一套独有的技艺。在时间规划上有"一年养蚕三期四熟"的说法，三期分别为春期、夏期、秋期，而四熟则是指春蚕、夏蚕、中秋蚕和晚秋蚕。先由生产队进行小蚕共育，待到 2 眠或 3 眠后再分至各户饲养，是云龙村民们在 20 世纪 80 年代以前最基本的饲养方式，直到 1982 年才逐步变为全程由家庭分散饲养。村民沈先生对此有段描述："生产队养蚕这种房子也有的，小的时候在这里培养大了，一龄、两龄、三龄以后，分化出来分到农户家里，养个四龄、五龄。"①进行小蚕饲养须使用塑料薄膜围台育的养蚕技术，结合当地的地火龙、天火龙②等装置养育幼蚕。大蚕饲养则在各农户家进行，各家通常搭建蚕台、蚕架以放置蚕匾，再将蚕养在匾中。蚕种多的农户则直接在地上铺设蚕帘，这在当地被称为"看地蚕"。春蚕养成时，将熟蚕轻撒在"茧子柴"③上，直待蚕吐丝成茧。

　　另外，蚕病的预防工作在每期蚕饲养前就开始了并贯穿养蚕的始终，除了经常要对蚕室、蚕具用药剂进行消毒外，在养蚕过程中还要时刻做好防蝇、防蚁、防毒等工作。养蚕结束后，仍旧需要对所有的空间、设备进行消毒，其中的一个重要环节是要将使用过的蚕匾和蚕帘运到村里的活水边清洗，当地人称之为"剿匾"。因蚕的生长极其规律，农户们基本处在相同的劳作节奏，大家出门剿匾的时间也就几乎一致，因此，剿匾的现场又成为了农户们相互询问收成如何，交流蚕茧买卖情况，总结经验教训以及闲聊的场所，场面既热闹又充满了人情味和生活气息。

　　2. 养蚕用具

　　云龙村养蚕所用到的器具主要有蚕匾、蚕架、蚕台等器具，另有各式各样的辅助蚕具。这些器具形态各异，极具实用性，大部分流传至今仍在使用。

　　蚕匾由竹篾编织而成，有大小两种，大小蚕匾均有圆形和腰形两种形态。小蚕匾底部无网眼，为头眠后养小蚕用。大圆匾直径 130～140 厘米，四周竖边高约 7 厘米。腰形匾呈椭圆形，面积要小于圆匾，比如大号的腰形匾一般长约 120 厘米，宽约 80 厘米，四周竖边高约 5 厘米，所有数据都要比大圆匾

---

　　① 被访谈人：沈先生，1960 年出生，访谈人：张帅、周颖、周婉婷、杨婷婷，访谈时间：2022 年 1 月 17 日，访谈地点：云龙村小卖部。

　　② 地火龙为小蚕室内的加温系统，由加热区、散热沟和烟囱等组成。天火龙由农户改用废弃的柴油桶改装成取暖装置，置于屋子中间，里面用木屑生火发热，上面用长烟道引出，四周以塑料薄膜围护，围护空间内温度可以控制。

　　③ 由麦秆、稻谷、纸板等制成的蚕上簇用具，"茧子柴"先后有禾帚把、伞形簇、蜈蚣簇、方格簇。

小一些。在 20 世纪 60 年代以后圆形匾逐步被腰形匾取代，之所以有腰形匾和圆形匾的区分主要是使用的便利程度不同。

蚕架又称蚕橱、蚕植，一般为木制，也有大小之分，用于放置大小蚕匾。由 10 根或 9 根木条连接正面的 2 根立柱构成，高约为 180 厘米，宽度则约为 150 厘米，与大圆匾的直径相适应，分为 9～10 层，可放置 9～10 张蚕匾。

蚕台是临时搭建起来用于分养大蚕的，由麻秆帘①、竹竿、绳索、细麻绳等制成。整体框架为长方形，用长竹竿扎制固定，其长度几乎与蚕室相当，一般长约 4 米，宽约 1.4 米，再铺上麻秆帘，蚕台的一层便完成了。在高于此层 20 厘米左右依样搭建第二层，须一直往上搭建 7 层。

至于辅助蚕具则有：带有防水涂层的防干纸、切桑叶的叶刀、用以夹蚕的蚕筷、养小蚕时加温用的火缸等各种用具。

近十几年来，随着养蚕的农户逐渐减少以及新式房屋的出现，以上用具已经越来越少见了，但是这些蚕具是云龙村民在种桑养蚕的需要上制作并改进使用的，历经数年的发展成为了附着特殊感情的事物。蚕具如果仅仅作为一种物质形态的呈现，其蕴含的情感价值就被埋没了。通过蚕具可以看到隐藏在其中的人与物的关系，在时间的沉淀下更能作为一种历史的记录而被民众所铭记。

3. 土法缫丝

土法缫丝是云龙村传统蚕茧加工技艺的核心技艺的精髓，只可惜如今在日常生活中已几乎绝迹，民众仅能在周王庙镇蚕俗文化旅游节上才有机会看到非遗代表性传承人表演手工缫丝。

根据村民们的记忆，缫土丝技艺的程序先后为：剥茧黄，即剥去蚕茧外层的茧衣（俗称"茧黄"）；煮茧，以每 20～30 颗已剥茧黄的蚕茧为一组，将其放入土灶的水锅内煮透；钩丝，用茧帚捞出各蚕茧的丝头，集成线丝成束穿过木架下的丝扣，绕过缠丝小轴和丝钩，粘附在辅车撬片架上，再用拉丝杆的钩子勾住蚕丝；倒丝，踩踏板带动撬片架滚转，将丝缠在撬片上；当锅中茧子抽完丝时，捞出蚕蛹，再往锅中添新茧，重复上述工序，撬片上的丝逐渐积成匹，最后用木棰敲松车轴上的榫木，将丝匹取下系成丝绞，由此称为"一车丝"；烤丝，车后放有炭火箱，从水中抽取的丝随时接受烘烤，随抽

---

① 麻秆帘是以去皮晒干后的络麻秆作为主要材料，用草绳或麻绳作为经线经过压帘架编制而成的。

随干，至此整个程序才算结束。丝绞取下后，放置在樟木箱中等待出售，称为"蚕丝银子"或"卖丝银子"。也有农户选择不出售，而是直接在自备的木质布机上织成土绸、土绢或土帛。

4. 蚕桑信仰

云龙村村民的蚕桑信仰源于对蚕茧丰收的期盼与祈望，云龙村信仰的蚕神主要有女性神灵"马鸣王"，与男性神灵"蚕花五圣"。又因蚕易害病，蚕农在养蚕时还有诸多禁忌，以求蚕健康生长。此外还有许多围绕着蚕神信仰开展的民俗活动。

请蚕花：云龙人每逢春节、清明和"看蚕"前、采茧后，都要"请蚕花"。"请蚕花"便是请蚕神，尤以清明最为盛大，清明当天的中午，农户们会同时将两位神灵的神轴马幛①供奉于朝南桌上，点香烛，挂纸元宝，摆上肉菜、水果、清明圆子，随后家人依次倒酒、叩头，还要有精心打扮过的蚕娘向神灵敬拜作揖，以祈求蚕花繁茂。供奉一直到傍晚才结束，拜完后还需要到门前道路上烧化纸马幛和纸元宝。

踏青轧蚕花：清明时节蚕娘们会相约至盐官北寺大悲阁、周王庙东北划船漾半山娘娘庙、长安鲁王坟等地踏青，到地方后便会将自己随身携带的土制蚕种纸放在菩萨神像或鲁王坟前，叩头拜揖求蚕花。随后去热闹人多的地方"轧蚕花"②，人越多越挤，寓意越好，最后再去地摊上买些茧壳做的"蚕花"和一些劳动工具回家。

祛蚕祟：蚕因其不易养殖，向有"蚕宝宝"之称，又被称为"天虫""忧虫"。为祈求蚕健康生长，云龙有被统称为"祛蚕祟"的系列习俗。旧时蚕农认为有一种妖邪恶煞妨害养蚕，故要设法驱赶它。主要有以下几个环节：一为画白虎，在蚕房墙壁上用石灰水画一只白虎用以辟邪，后来简化为用手沾石灰水在墙上留下几个掌印来代替相对复杂的白虎；二为插桃枝，传说桃枝有辟邪的功能，所以农户们会在养育幼蚕时在蚕匾中放置桃枝，在蚕房里插上桃枝；新买来的桑叶也要在进蚕房前用桃枝抽打三下，称为"拿个长头鞭三鞭"；三为送羹饭，蚕忙时若有外人进入蚕室，或蚕生病，蚕娘要准备一碗冷饭，饭上放一

---

① 神轴也称神仙画，是将以神、仙为内容的绘画，装裱而成的画轴或画片。马幛就是用红纸制成的神位，上面写有神灵的尊讳。

② 在人多的地方轧闹猛，说是轧得越结棍（厉害）越好，称为"轧蚕花"。"轧"为吴方言，是"挤"的意思。

根咸菜，再插一只柴结的草鸡，出门倒在三岔路口，称"送羹饭"。与前两个环节以辟邪为主要目的相比，送羹饭则为打破禁忌之后的一种处理方式。

养蚕禁忌：云龙养蚕的禁忌有很多，最主要的有三个：一是外人不得入蚕室，在蚕室外不得高声说话，以免惊动蚕。二是蚕农食饭有禁忌，禁吃有腥味的鱼、羊肉和有辣味的辣椒、蒜等食物，在蚕房外也不得吸烟。三是说话有禁忌，忌说"姜、亮、白、爬"等字眼，因其与蚕病相关；禁说"吃茶"，因当地方言中"茶"与"蛇"同音，而蚕室内有蛇既为不祥之兆，又对蚕有威胁；也不说发音为"sī"的词，因其与"死"同音，视为不祥。

扫蚕花地：与德清县的"扫蚕花地"歌舞表演形式不同，云龙村"扫蚕花地"尚未成为民间艺术活动的表演部分，其主要内容为当地蚕农大年初一不扫地，要等到大年初二清晨方能用新扫帚从外向里扫，最后把地上的果壳纸屑堆积到门后的角落里，称为"扫蚕花地"。扫过了蚕花地，便寓意着来年养蚕顺利，蚕花茂盛。过去，每逢过年时还总有上门来给蚕农们"扫蚕花地"的乞讨人，一边拿扫帚做着从外向里扫地的动作，一边唱着用各种跟蚕事相关的吉祥语、祝福语串起来的歌谣，唱完后蚕农要送上小块年糕或白米表示感谢，扫地人再以"蚕花廿四分"的好口彩答谢。

5. 岁时节令

岁时节令即在岁时、节气、节日等发生的习俗活动。实际上与蚕桑信仰相关的民俗活动大多都在节日或节气开展，但节气、节日与蚕事相关的习俗活动却不惟民俗信仰，而是有着更为丰富的内容，尤以清明节和春节为最多，其中清明节主要有：吃清明夜饭、做茧圆和蚕花包子等，而春节到清明期间当地还有请戏班子演蚕花戏的习俗。

吃清明夜饭：清明节这天的晚饭在当地蚕农们的心目中与除夕的年夜饭一样重要，要全家男女老少团圆聚餐。清明夜饭最为讲究的是餐食，要求必须要与蚕相关，或为名字中带"蚕"字的菜品，如蚕豆、蚕白虾等；或为供奉蚕神的常用食品，如白焐肉、马栏头（当地人认为马栏头是马鸣王菩萨身边白马最喜欢吃的食物）等；或为与蚕茧、蚕丝形似的食物，如咸鸭蛋、炒卷子①、丝粉头②等，以及咸鱼鲞等象征蚕业丰收的有着吉祥寓意的食物。在

---

① 卷子由面粉、红薯粉、鸡蛋等制成，先摊成饼状，再切成丝，即可制作炒卷子。
② 丝粉头即细丝粉，是一种由绿豆、红薯淀粉等制成的丝状食物。

正式开饭前，家中老小还要喝一杯"齐心酒"，"齐心酒"为土酿米酒，喝了齐心酒，就意味着可以各自用心看好蚕。

做茧圆和蚕花包子：云龙村有在清明节做茧圆的习俗，茧圆由米粉制作，有馅无馅皆可，可用作供奉蚕神的祭品，又称清明团子、草头圆子。茧圆有白粉圆子和加入"草头"（青色野菜）的青圆子两种，其中，白色寓意茧子，青色寓意桑叶，称为"吃青还白"（食桑吐丝）。另外，等到去茧站卖茧子那天，蚕农们还习惯在附近的包子铺买几个包子，回家后和家人邻居分享，称作吃蚕花包子，为的是讨一个蚕花的好彩头。

演"蚕花戏"："蚕花戏"一般指的是讲究吉祥喜庆的文场戏。在春节至清明这一段时间，云龙村也有邀请皮影戏班来村表演"蚕花戏"的习俗，有一家一户出资定做也有几户人家合资联做。一般以三间堂屋作为演出场地，戏台则多临时搭建，再摆些条凳供观众坐，便可开始演戏。演"蚕花戏"由主人家负责出钱，无论是谁出资，乡里乡亲都可前来观看，以捧个人场，让主家图个热闹。演出结束后，戏班子会把影戏幕纸拆下来送给当家娘娘[①]，俗称送"蚕花纸"，当地民众深信若将蚕花纸铺在匾里收幼蚕，定能得"蚕花廿四分"[②]。

6. 人生仪礼

云龙村在人生仪礼中的婚丧嫁娶阶段皆有与蚕桑相关的民俗环节，这些细节大都有祝愿蚕花繁茂之意，主要有以下几种。

送蚕花：旧时，当地蚕家姑娘出嫁时，其嫁妆中要有桑苗 2 株、油灯 1 盏、竹篓 1 只等与养蚕有关的器物。桑苗一般为小火桑；油灯由毛竹节制成，点燃后称"蚕火"；竹篓由篾黄编成，再染成红色，这样油灯和竹篓便合成谐音口彩"蚕火发篓"。这三种物品上都要缠上红丝绵条，再挂上一朵红色小蚕花，放在红漆木面桶里，和其他嫁妆一起送到婆家去，称为"送蚕花"。结婚后三日，由婆婆将"蚕火发篓"挂到蚕房，桑苗种于自家门前，桑树长得越茂盛，喻示着蚕花越茂盛，家业也越兴旺。

扯蚕花挨子、盘蚕花、讨蚕花、蚕花蜡烛：这些是云龙村在举办丧葬仪式中的习俗。入殓时，亲属齐穿孝服，先扯蚕花"挨子"（丝绵兜），每对扯

---

① 蚕农家的女主人。

② 对马明王菩萨的祭祀称为"请蚕花"，"请蚕花"时桌上放三件宝，即蚕种、铜钿、蚕花毛，铜钿是 24 枚，象征"蚕花廿四分"。

三只，由长子、长媳联手将丝绵扯成薄絮片，覆于尸身被单，再由其余亲属依次扯过去，如此扯好，由土工整理结爻，开始"盘蚕花"。"盘蚕花"仍由长子、长媳领头，在手中放了米的木升箩上插入点燃的蜡烛，绕着死者棺木走三圈，其余亲属用手执烛，跟随而行。在绕行的时候家属口中要说些希望死者保佑家中养蚕兴旺的话，称"讨蚕花"。三圈之后"盘蚕花"完成，自家人进内，亲戚出外，各自将烛火吹灭，蜡烛头收好带回家，称"蚕花蜡烛"，看蚕时点在蚕房里，就会蚕花茂盛。

望蚕讯："望蚕讯"活动在新结亲第一年的儿女亲家最为隆重，蚕成熟上簇后，由婆家带少量粽子、一块熟猪肉、一条鱼和白焐咸蛋等食物，去娘家请蚕花五圣，称为"讨蚕讯"。第二天，由娘家准备好相同的物品，但蚕讯粽的数量要多一些，一起送到婆家去，供请蚕神菩萨，称为"望蚕讯"。蚕讯粽由糯米、赤豆和红枣做成，呈尖三角形，用箬叶包裹。一大一小连在一起的"抱子粽"（亦称抱娘粽）用于供请蚕神，煮熟之后还要系上红丝绵条。现在的"望蚕讯"活动已经提前到春节至清明期间，趁这段空闲时人们望了"蚕讯"，以此预祝蚕茧丰收。

（四）蚕桑生产习俗的现存状况

如今的云龙村，虽然蚕桑产业渐趋衰弱，但蚕桑文化和习俗深深烙印在每个云龙人的心里，村里到处可见与蚕桑有关的装饰与建筑，在村入口处便有"破茧成蝶"的形象装置，与"蚕乡云龙"四字遥相对应。近几年来，海宁市政府及云龙村村委会十分重视蚕桑生产民俗的保护和传承工作。2009年，云龙村蚕桑生产民俗被列入浙江省非物质文化遗产名录，云龙村被列入嘉兴市非物质文化遗产生态保护区。是年，云龙村发起"蚕俗文化节"，在春蚕季向游客展演缫土丝等蚕桑丝织生产技艺，还可体验吃蚕饭、裹"蚕讯粽"等民俗活动。2012年，云龙蚕俗文化园由村民个人出资建成，成为云龙蚕桑文化新的载体，"蚕俗文化节"也上升为周王庙镇"蚕俗文化旅游节"。2016年，云龙村建造云龙记忆馆，馆内记录了自南宋以来云龙悠久的蚕桑历史，展示了云龙人民使用的种桑养蚕老物件，显示着云龙村深厚的蚕桑文化底蕴。2018年，云龙村与浙江凯喜雅集团合作，建立雅云蚕桑生产示范基地，占地525亩，由18户农户负责。该基地属于商务部规模化集约化蚕桑基地项目，如此专业化的蚕桑生产方式让传统蚕桑产业改头换面，重现生机。同年，云龙村与杭州装置艺术家周峰团队共同打造"云龙蝶园",将养蚕过程中的"蜕变"与环保理念的"变废为宝"相结合,丰富了蚕桑文化内涵。2019 年,云龙村以"云龙·中国蚕桑文化研学村"为定位,打造"蚕桑文化研学营地",开发蚕桑旅游体验、文创休闲、亲子研学等旅游产品,实现真正的文旅融合。

云龙村的蚕桑产业在政府和村委开展的各种项目中得以继续发展,蚕桑生产习俗也在这些项目中得到了保护。流淌千年的蚕桑丝绸文化与现代的先进技术结合,是珠联璧合,相得益彰,云龙村依靠这些项目实现了经济的快速发展,村民生活水平也相应提高。随着新农村的建设,村民纷纷盖起新楼,一幢幢整齐崭新的小洋房已令人难以将其与养蚕所需的蚕室联想到一起。村里至今还在养蚕的家庭已所剩无几,种桑的土地被承包流转出去,或出租给村里新开发的项目基地,失去了养蚕的资源。20 世纪七八十年代家家户户养蚕的盛景不再,当初的蚕农年岁渐长,力不能支,无法再继续担当养蚕的重活。在这一代养蚕人看来,种桑养蚕是养家糊口的生计,筚路蓝缕几十年,盼自己的孩子长大成人后各自成家立业,家里的新房有了着落,自己与蚕桑的缘分也到此落下帷幕。工商业和石油化工业的发展创造了更多基层就业机会,加之栽桑养蚕的艰难困苦和蚕茧价格的不稳定性,迫使不少云龙人选择了其他行业,村民沈先生回忆道:"我做油漆 20 多年,我在外面做油漆,(养蚕是)回来带带的,不是主要的。这个收入太低了,哪怕是养好了,茧子出来卖不到钱,价格不稳定。有的养好了,还是由茧贩子说了算,没有国家保物价。有保物价的稳当当的,老百姓才有信心,没有保物价嘛老百姓也很伤心啊,苦的要死这几个钱还由他们说了算,还说(茧子)好、不好,对伐?"[①]在工业经济快速发展,土地、劳动力之间的矛盾日益凸显的今天,从事蚕桑生产的村民越来越少,蚕桑生产习俗在村民的日常生活中渐渐淡出了。对现在的云龙人来说,养蚕已经是"带带过",曾经因蚕桑产业地位而生出的各种蚕神信仰、习俗也已岌岌可危。在 20 世纪七八十年代,随着科学养蚕技术的普及,村民越来越相信养蚕讲究的是认真和细心,逐渐认识到信仰蚕神是一种迷信,一些蚕神祭拜仪式随之简化,甚至失传。

"村企联动"政策的施行,造就了云龙村现代化的蚕桑产业,但按部就班生产的冰冷机器背后,淹没了能孕育出独特风俗的人情。云龙村的蚕桑产业

---

① 被访谈人:沈先生,1960 年出生,访谈人:张帅、周颖、周婉婷、杨婷婷,访谈时间:2022 年 1 月 17 日,访谈地点:云龙村小卖部。

由企业接管统一进行栽桑养蚕后，很少有村民还保留着养蚕的传统。即使他们家中还保留着缫丝、织布机等器具，想要再看到他们展示传统技艺，或许只有在每年的蚕俗文化旅游节上才能一睹风采了。云龙村的蚕俗文化旅游节是将蚕桑生产文化集中展示的舞台。村民贝利凤作为云龙蚕桑生产习俗相关传承人，每年都会在蚕俗文化旅游节上坐上土丝车，边踩踏板边从滚烫的锅里捞出茧子，把茧子扯成又细又长的丝，再一圈圈绕在木轮子上。这门缫丝技艺，贝利凤从小学起，为了弘扬云龙蚕桑文化，她又将其在蚕俗文化旅游节上再现。蚕俗文化旅游节在蚕俗文化园举办，村民们几乎每年都参与。对此，村民们有这样的期望：这个节日的设立并不仅仅是成为一个旅游项目，而是与蚕俗文化园一起，作为云龙蚕桑生产习俗的载体，将蚕桑文化一代代传承下去。

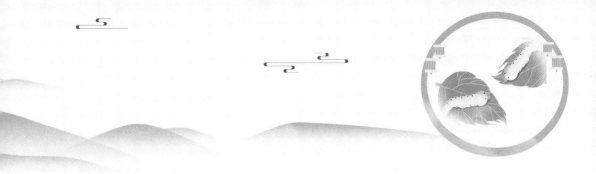

第二章 桐乡蚕桑民俗传承现状调研报告

一、桐乡蚕桑产业及民俗文化的发展状况

（一）桐乡蚕桑产业发展史概述

杭嘉湖平原通常被誉为"蚕桑之乡"，是中国蚕桑文化的源头之一。考古发现桐乡罗家角文化遗址的第三文化层有桑孢粉遗存，距今已有7000年历史。据有关史料记载，该区域的桑蚕业发展，可追溯到春秋战国，经唐、宋、元奠基，到明、清乃至民国初期逐渐鼎盛，而桐乡市作为杭嘉湖区在地理意义上的中心地段，其蚕桑产业也是基本在此大背景下不断发展的。

桐乡隶属嘉兴市，位于杭嘉湖平原腹地，邻近吴兴钱山漾遗址，是江南蚕桑文化的发祥地之一。根据史料记载和考古发现，春秋时，嘉兴已经开始从事种植桑树养育蚕事，并且逐渐开始进行丝织生产。据《嘉兴府志》记载："携李当吴越之交，自越王甲粲、乙黍、丙菽、丁粟，非夫人之织不衣，而农桑重"①。此时嘉兴地区的蚕桑产业刚刚起步或者严格来说尚未可称作"产业"，但已经展现出该地区在蚕桑丝织发展上得天独厚的优势。

在三国时期，乌程地区（今湖州双林及桐乡乌镇地域）便已经有以蚕桑产业为基础的丝绢生产。孙吴集团非常重视水利与农桑的发展，"当农桑之时，

---

① 刘应钶. 嘉兴府志［M］. 1573—1620.

以役事扰民者，举正以问""煮海为盐，采山铸钱，国赋再熟之稻，乡贡八蚕之绵"①。嘉兴的地方官员也积极引导蚕民事蚕，推动蚕桑发展。吴国的吴绫、吴绢闻名天下，也进一步丰富了海上丝绸之路的内容。

两晋南北朝时期，经济文化的南移促进了杭嘉湖地区包括桐乡在内的蚕桑产业发展。据《新唐史》记载，当时杭嘉湖地区的丝、棉以及花绸、锦绸、鹅眼绫、吴绫等丝绸制品都是绝佳贡品，尤以鹅眼绫②为最。南朝时期，就连皇宫内也开始种植桑林，修建蚕室，皇室成员开春也要祭祀蚕神，皇后还要在祭祀蚕神之时带领嫔妃举行"亲桑"（也称"亲蚕"）③之礼，而在民间社会，朝廷也强令"丁男之户，岁输绢两匹，绵三斤，女及次丁男为户者半输"④，同时将丝、布、绢、绵作为主要的调税项目，使得广大桑民增加桑地面积，扩大蚕桑规模，直接推动了杭嘉湖地区蚕桑产业的进一步发展。

入唐以后，朝廷下令给丁男配 20 亩永业田，每年缴纳绫、绢、絁⑤各两丈，绵三两。至唐中期，嘉兴所产"语儿巾"⑥享誉海内外。北宋时宋太祖"谕民能广植桑枣垦荒田者，止输旧租，毋得加税""诏监司督州县长吏劝民增种桑柘"⑦，彼时桐乡濮院的濮绸享誉全国，有"宋锦人传出秀州，清歌无复用缠头。如今花样新翻出，海内争夸濮院绸"⑧的赞誉。

明朝时，在朝廷接连下诏、地方政府以各种方式劝课农桑的官方"号召"下，杭嘉湖地区逐渐形成了"无地不桑""无人不蚕"⑨的状态，明嘉靖时期的官员陈全之就在《蓬窗日录·寰宇》中描述各地蚕业时写道："归安为最，次德清，其次嘉之桐乡、崇德，……。"据记载，当时桐乡濮院已经开始使用生产效率更高、产出质量上乘、更加先进的纱绸机来代替原来的土机，大大促进了当地纺织业的发展。

桐乡蚕桑丝织产业于清代达到高峰，《补农书校释》中提到的"男耕女织，

---

① 刘文，凌冬梅. 嘉兴蚕桑史［M］. 浙江：浙江工商大学出版社，2013.

② 绫的一种，织有鹅眼花纹的纹绫，唐宋时已用作官服的主要面料，当时称之为"绮"。

③ 是针对蚕桑的国家级礼制，与亲耕（耤田）礼构成一组对称性礼典，指皇后带领妃嫔宫女祭先蚕，采桑叶之礼。

④ 陈连庆. 晋书·食货志校注［M］. 吉林：东北师范大学出版社，1999.

⑤ 一种粗绸。

⑥ 南方地区一种有名的头巾，桐乡崇福镇古称御儿，"语儿巾"或由此得名。

⑦ 同①。

⑧ 清人《嘉禾杂咏》。

⑨ 《德清县志》（康熙），卷4，《食货考》，"穷乡僻壤，无地不桑，季春孟夏时无人不蚕"。

农家本务，况在本地，家家织纴；其有手段出众、夙夜赶趁者，不可料酌。其常规：妇人二名，每年织绢一百二十匹……"[①]足可见蚕桑丝织产业在桐乡的盛况。康熙年间，朝廷取消了各户织机"不得逾百张"的限制，致使桐乡的桑地占比从以往的 12.46% 提高到 41.42%。由于朝廷"重农不抑商"的相关政策，以及地方政府的积极推崇，桐乡的蚕桑产业更加兴盛，逐渐成为了国内生丝出口的重要基地。乾隆时期，桐乡濮院"万家烟火，民多织作绸绢为生"[②]，成为江南地区有名的绸市，全镇织机总数达到万台以上，产品销往杭州、南京、北京各大城市乃至海外南洋等地，"终岁贸易不下数十万"[③]，一时形成了"日出万绸"的盛大气象。

近现代以来，国门打开，生丝出口与对外贸易量大幅增加，尽管太平天国运动等战乱在一定时期内会导致丝绸产量略有减少，但在英商、法商等外国资本在上海开办丝厂以及太平军等对当地绸庄的支持，嘉兴蚕桑产业总体来说越发活跃壮大。在民间社会，蚕桑丝织行业的交往与物资交流逐渐增多，形成了专门的买卖市场，"叶莫多于石门、桐乡，其牙侩则集于乌镇"[④]。至民国年间，桐乡高产的桑园每亩养蚕可产丝十多斤，基本相当于当时十多亩稻田的收入。民国 17 年（1928），茧价达到每百斤银元 105 元，达到历史最高，在民间谚语"金戒子挂满桑柴拳头"中可见一斑。

由此可见，蚕桑产业一直以来都是桐乡的传统优势产业，历史上曾长期在桐乡的农民增收及茧丝绸发展，甚至外贸出口中发挥了重要作用。桐乡的蚕茧产量也长期名列浙江省县级前茅。新中国成立后，桐乡的优势得以保持并继续发挥，至 1992 年，全市共有桑园面积 17.48 万亩，栽桑、养蚕的农户数量达 13.5 万户，分别占全市耕地总面积和农户总数的 32.23% 和 98.5%，可谓家家栽桑、户户养蚕。桐乡蚕户共饲养蚕种数量 78 万多张，蚕茧总产量将近 2.45 万吨，蚕茧收入 25 011 万元，蚕茧产量居全国县级单位第一位。桐乡市蚕桑文化核心保护区河山镇五泾村、八泉村和石门镇东池村共有耕地面积 10.27 平方千米，其中桑园面积达 2.42 平方千米，占耕地总面积的 24%。桐乡市现有桑园面积 43.33 平方千米，自然条件优越，蚕桑资源丰富。

---

① 张履祥. 补农书校释［M］. 北京：农业出版社，1983.

② 徐秉元，仲弘道. 桐乡县志 5 卷［M］. 1678.

③ 嘉兴市蚕桑志编纂委员会. 嘉兴市蚕桑志［M］. 嘉兴市蚕桑志编纂委员会，1998.

④ 道光《南浔镇志》卷 21，《蚕桑》。

但近年来，随着国家"东桑西移"战略的深入推进及地方社会变迁、经济转型的加剧，蚕桑产业逐渐向广西、四川、云南等西部地区转移；桐乡本地的蚕桑生产面临着被调整、替代的风险。与此相伴而生的是当地蚕桑民俗文化的传承与发展也遭遇了重大危机，失去了文化土壤的传统蚕桑民俗再难以得到民众尤其是年轻人的喜爱与兴趣，这一文化现象引起了当地政府部门与老一辈民众的注意与重视。

（二）桐乡蚕桑民俗概述

蚕桑丝织生产作为一种传统技艺，与当地村落的生活息息相关，在长期的蚕桑生产过程中，桐乡市民众形成了包括民间文学、民间信仰、人生礼仪、岁时节日、民间工艺等各方面内容的一系列传统民俗。

蚕歌是桐乡蚕桑民俗的一项重要内容，是流传于蚕乡的表现蚕农生活和思想情感的民间歌谣。2009 年，桐乡蚕歌被列入第三批浙江省非物质文化遗产代表性项目名录。其中就有《马鸣王蚕花》《经蚕肚肠》等著名曲目。

除此之外，桐乡还到处流传着《马鸣王菩萨》的传说和以祭拜马鸣王菩萨为核心的一系列的蚕神信仰仪式。总结在桐乡境内流传的各个不同版本，其核心情节大致如下：

古时一位夫人许愿何人能拯救被劫掳的丈夫，就将女儿许配给他。一匹白马竟挣脱缰绳将男人救了回来，但人和马如何成亲？男人闻言，便杀马取皮，女儿见之，悲痛哀悯，不料狂风大作，马皮乘风而起，裹挟着女儿飞往深林，当人们找寻到时，白马和女儿已经化为一体，吐出细丝，并逐渐结为白茧。从此，便有了蚕（"缠"），女儿已逝，便有了桑（"丧"）。尔后，该女便被尊为蚕神，或称"蚕花娘娘"。

蚕花娘娘当地人又叫"马鸣王菩萨""马鸣王大士""马鸣王"等。关于马鸣王菩萨，在洲泉流传这样一个传说：

是说一个姑娘的父亲被强人掳走，女儿寝食不安，哭得十分伤心。当母亲的，既为丈夫担忧，又为女儿心疼，于是对邻里许愿："若谁能救出她的丈夫，就把女儿嫁给他。"正当众乡亲无计可施时，家中的马儿挣断缰绳飞奔而去，千里迢迢将她的丈夫驮了回来，母女自然欣喜无比。此后骏马悲鸣不已，不肯饮龁，父惊问其故，母以实告之。父大怒，说："哪有让女儿嫁畜类的道理!"于是偷偷将马射死，并把马皮晾在院中，女儿悲悯不已，在去祭奠马的亡灵时，马皮蹶然而起，迅即将姑娘紧紧裹住，并随着旋风飞奔而去。几天后，人们在树林里找到姑娘，只见马皮缠绕着她，头已变成马头模样，趴在树上扭动身子，嘴里不停吐出亮晶晶的细丝，把自己缠起来。"缠""蚕"谐音，人们即谓之为蚕；桑者，丧也，是说姑娘是在桑树下献身的。女儿亡故，父母自然十分伤心。一天，忽见蚕女乘流云驾骏马，随着数十位随从自天而降，对父母说："天帝因我孝能致身，心不忘义，封我为女仙，位在九宫仙嫔之列，在天界过得很自在，请二老放心。"说罢，升天而去。于是，人们尊奉其为蚕神，也就是马明（鸣）王，或称蚕花娘娘、马头娘等。在蚕神庙中塑一女子像，并身披马皮。

在人生仪礼方面，当地有拨蚕花、撒蚕花、接蚕花盆、陪蚕花鸡、经蚕肚肠等婚嫁习俗；以及丝绸盖面、讨蚕花、盘蚕花等丧葬习俗。而至于岁时节日则有春节"扫蚕花地"，元宵"烧田蚕"，清明"吃蚕花菜""听声卜蚕"[1]，端午"贴蚕符""佩茧花"，七夕"拜杼神"[2]"赛巧手"[3]，重阳"吃增智饭"[4]等时令习俗；以及蚕花圆子、蚕花糕、蚕花馒头、蚕花菜等传统节令饮食。

在大型民俗活动方面，桐乡市较为出名的有大麻镇的蚕花马灯舞、桐乡市乌镇的乌镇香市，以及位于洲泉镇清河村的浙江省级非物质文化遗产代表性项目双庙渚蚕花水会和位于河山镇的国家级非物质文化遗产代表性项目含山轧蚕花等。其中，蚕花马灯舞是流传于桐乡市大麻镇一带的民间民俗舞蹈，从古老的《马鸣王菩萨》演变而来。清明前后，大麻镇一带有祈求蚕花的风俗，形式多样，其中一项便是跳"马灯舞"，表演者身跨道具白马走街串巷，蚕家以少些白米和年糕块相酬谢，祈愿蚕花娘娘保佑蚕茧丰收；而乌镇香市

---

①人们吃过清明夜饭之后，在铁锅中放满水，取来汤罐盖浮于锅中，再取下灶山上的灶神马幛，置于汤罐盖之上，接着由当家人用手拨一下汤罐盖，任其在水上转动，待其停止后，派人顺着灶神马幛之头所指方向走出门去，直到听到声音才回家。然后根据所听到的声音预卜今年的蚕事好歹。

②祭拜机杼的神明，祈求蚕桑顺利。

③利用蚕丝制作精美的丝织品进行比赛。

④相传古时有位叫巧哥的织工来到濮院，濮院的丝织业让他萌生了生产新品种的欲望。他坐上织布机，夜以继日地干，饿了以糯米、赤豆饭充饥，渴了就喝一口凉水终于赶在重阳节织出了新绸。民众都说，巧哥能织出这么漂亮的新绸，都是赤豆、糯米饭的缘故。于是，赤豆、糯米饭是增智饭的说法就在民众中传开。

是指在清明至谷雨期间,在乌镇当地举行的祈蚕活动。"香市",俗称"烧香场"。人们到乌镇"烧香场"上烧香祭祀,祈求蚕神保佑获得好收成。现在,乌镇香市逐渐丰富,有着蚕花仙子巡游、蚕仙撒花、浇蚕花手、跳蚕花舞、白莲庙会、摇踏白船、茶亭堂会、水上婚典等众多传统活动供民众参加。

综上所述,桐乡市蚕桑文化底蕴深厚,几乎全域范围内均有种桑养蚕农业生产活动和代表性的蚕桑文化,因此,桐乡蚕桑文化除了拥有多项非物质文化遗产代表性项目之外,还于2021年以"浙江桐乡蚕桑文化系统"的名称顺利进入了第六批中国重要农业文化遗产名单。桐乡蚕桑文化系统以蚕桑生产方式、蚕桑习俗、蚕俗活动、蚕桑传统文化为核心要素,囊括了当地蚕桑产业与文化的全部内容。为了系统保护这一典型的传统农业生产系统,桐乡市政府发布了《浙江桐乡蚕桑文化系统保护与发展规划(2021—2030年)》,该文件将传统农耕技术保留较好的河山镇五泾村、八泉村和石门镇东池村设为核心保护区,其中五泾村保留有浙江省文物保护单位——俞家湾桑基鱼塘,八泉村是桐乡蚕桑习俗的代表性乡村,东池村可集中展示传统种桑养蚕技术与现代集约化种桑养蚕技术。与此同时,桐乡还开发了与蚕桑产业相关的生态产品,种类有传统的蚕丝被、丝绸等,还开发出了桑叶茶、桑果酱、桑果酒、桑枝黑木耳、蚕丝护肤品、蚕蛹油、蚕沙有机肥等新产品。在核心保护区五泾村则建设有桐乡市蚕桑文化农耕博物馆,用以全面系统地展现桐乡的蚕桑文化。蚕桑相关遗产旅游主要有梧桐街道沈莉高农场、开发区锦绣天地蚕桑博览园和梧桐街道蚕桑产业观光园等。有关蚕桑文化的文化遗址则有罗家角遗址、谭家湾遗址、张家垛遗址、吴家墙门遗址、俞家湾桑基鱼塘等。

为了更好地展现桐乡蚕桑民俗的传承现状,本文特选取了桐乡双庙渚蚕花水会以及含山轧蚕花为个案,二者皆为以蚕神信仰为核心的庙会仪式,举办时间也都是在清明节期间,在主旨、形式与内容上具有高度的一致性。两个庙会至今仍旧具有强大的吸引力,每年参与民众往往数十万计,但热闹的场面背后也都折射出了蚕桑文化衰落的共性问题,而庙会组织者针对这一问题的不同路径选择以及因此而产生的不同结果,让两个庙会极具对比意义。双庙渚蚕花水会不同于其他的蚕花庙会,是在水上举行,也称"水上蚕花盛会"。水会位于桐乡市洲泉镇清河村,当地人认为该庙会兴起于南宋年间,人们为祈求蚕神保佑养蚕丰收,将马鸣王三姐妹迎接至双庙渚附近的河港上进行祭拜,并举行各种各样的民间活动来酬神。双庙渚位于京杭大运河水网十字交汇处①，因其两岸建有许福庙、顺和庙两个庙而得名，据传，双庙始建于南宋建炎二年（1128 年）。洲泉一地每年的蚕花盛会，多在此举行。每届清明节，四周乡民云集，祀蚕神、办庙会，庙堂虽小，但水乡蚕文化的底蕴却十分丰富。"破四旧"时期，随着双庙被拆，蚕花水会也因此而停办。20 世纪 90 年代，蚕花水会恢复举办，1996 年在村民们的努力下，村里的老庙得以在原址重建。桐乡市人民政府于 2000 年 10 月批准将双庙与顺庆寺合二为一，定名为双庆寺。2003 年，经批准，在寺院南侧，依旧时顺庆禅寺之结构布局，易地扩建双庆禅寺。双庙渚蚕花水会是跨村落型庙会，其所依托的庙宇位于桐乡市洲泉镇清河村双庆禅寺。

现今，蚕花水会主要由洲泉镇文化站、清河村村委联合主办，庙会辐射马鸣村、芝村、义马村、屈家浜村、青石村、晚村、夜明村等周边村落，基本覆盖整个洲泉镇。双庙渚蚕花水会固定为洲泉蚕俗文化节，至今已举办 14 届，庙会第一天是准备工作，蚕农前来拜蚕花忏，由村中老妇为蚕神梳妆打扮以备第二天请神之用；其余村民准备神船、自家农船等；第二天是水上仪式，请马鸣王菩萨和蚕花娘娘上船，船队有蚕神娘娘船、龙蚕宝宝船、缫丝船、拜香船、踏白船、龙舟、高杆船等十九艘。此后还有非遗美食、摇快船比赛、高杆船技表演等各具特色的庙会活动。待到庙会主要活动结束，马鸣王菩萨和蚕花娘娘被抬回庙中。

含山轧蚕花是蚕农们为了祈求风调雨顺，蚕桑丰收而举行的一项十分古老的蚕事风俗活动，通过上含山烧头香、请蚕花、背蚕种包及祭拜等一系列敬神仪式，祈求蚕神保佑养蚕取得丰收。含山轧蚕花是国家级非物质文化遗产代表性项目，以河山镇的王家弄村、华台村、庙头村、堰头村为核心村，主要举办地点为含山，含山地处今桐乡市、德清县、湖州市郊区交界处，位于杭嘉湖区的核心地带。对于含山名称的来历，较可信的是明万历《崇德县志》的记载："含山一名涵山……旧志云：山介两州故名含，又四水涵之故名涵。"含山轧蚕花主要活动共有十项，分别为烧头香、背蚕种包、请蚕花拜蚕神、画蚕花符、石击仙人潭、轧蚕花、拜香会、水上表演、拜蚕花忏、迎五圣会等。

---

① 该南北走向的河没有名字，当地有人叫其为"贯河"；东西走向的为"长沙河"。

二、双庙渚蚕花水会的传承现状

桐乡市洲泉镇双庙渚蚕花水会是以蚕神信仰为核心的跨村落型庙会，由桐乡市洲泉镇文化站与清河村联合主办。是人们为祈求蚕神保佑蚕业兴旺，迎马鸣王菩萨至双庙渚附近的河港上，进行祭拜、酬谢的庙会仪式。

（一）地域文化背景

1. 地理概况

洲泉，古称相州、湘洲，雅作湘溪，位于嘉兴市最西端，地处长江三角洲冲积南缘杭嘉湖平原中部，京杭运河西侧，苏杭运河南沿，与杭州市余杭区、湖州市德清县接壤。距桐乡市中心 22 千米，离杭州、嘉兴、湖州均不足 50 千米，水陆交通便捷，是桐乡市的重要门户。

洲泉镇因水得名，以其地"四周皆水，其中一地如钱"而素有"洲团千市集、水绕一钱清"之美誉。洲泉因蚕而兴，有着上千年种桑养蚕的历史，是江南蚕文化的重要发祥地之一。历史上的洲泉镇先后出现多个古代遗址，如黄鹤村遗址、石山头遗址、杨家大桥遗址、屈家里遗址、谢家兜遗址等，分别是崧泽文化、良渚文化和马甲桥文化的历史累积。洲泉镇地处水乡，自古以来又是蚕桑之乡，丝绸之府，孕育了"高杆船技""桑蚕丝织技艺"等与蚕桑文化息息相关的非物质文化遗产代表性项目，精深悠久的蚕桑文化在千百年来无声地浸润着洲泉这片土地。

洲泉镇全镇共有 64 196 人，城镇人口和农村人口的比例为 1:1。2019 年全镇实现地区生产总值 112.9 亿元，工农业总产值 618.3 亿元，其中农业总产值 4.94 亿元，农民人均纯收入 36 283 元。洲泉镇传统农业中的一个重要组成部分就是蚕桑业，同时也是洲泉名品蚕丝被的重要原料来源。洲泉自古以来便有蚕桑产业发展，是中国蚕桑丝织技艺的重要传承区和保护地。发达的蚕桑业孕育了洲泉镇历史悠久、内涵深远的蚕桑文化

清河村地处洲泉镇东南，位于桐乡市洲泉与崇福镇交界处，南与崇福镇芝村村相邻，西石山头村，北与青石村相邻，水陆交通都比较方便，因村中历史上曾有"清河桥"而得名。清河村村域面积约为 3.15 平方千米，共有耕

地约 2 860 亩,其中桑地 771 亩。现有 15 个村民小组,508 户人家,总人口 2 213 人,其中一半以上的村民在厂务工。

洲泉镇自古以来就是远近闻名的蚕乡,因"四周皆水,其中一地如钱"而得名"洲钱"。在吴方言中,"泉""钱"同音。到了清朝,改洲钱为洲泉,路属积善乡。清宣统三年(1911 年),洲泉地区实行村镇自治,成立洲泉乡自治公所。后经过多次合并和恢复,1981 年复为洲泉镇。清河村,"老底子"属崇德县积善乡十四都,村以桥名。清河村有众多古桥,其中清河桥始建于明成祖永乐十年(1412 年),吴家村桥不知何时起造,但"乾隆三十一年(1766年)重建",距今已有二百多年,东陈桥始建于宣德五年(1430 年),位于双庙渚附近。清河村历史悠久,有徐家村遗址,属商周时期。清河村佛教文化活动活跃,村民尤其中老年女性定期参与诵经拜佛活动,因此有众多庙宇,其中以双庆禅寺为代表。双庆禅寺由双庙诸庙和顺庆庙合并而成,坐落于双庙诸。清河村以张姓为大姓,也有钟、李、吴、翟、顾等姓。

2. 文化传统

洲泉镇是传统的水乡古镇,节日仪礼也充满水乡特色,但总体上,洲泉镇的节日体系仍以春节、元宵、清明、端午、中秋等为主。庆祝春节时,镇里会开办年货集市,用以新年家用的补臼打年糕,在集市上,则会有南方传统美食"臼打年糕""拓镬糍"。旧时农历新年,家家户户淘糯米,把打年糕当成一件大事。"杀年猪"也是当地春节不可缺少的一个仪式,洲泉镇 2023 年举办首届新春年猪文化节,宰年猪,话小康,祈愿来年五谷丰登、六畜兴旺。庆祝端午时,当地居民不仅家家户户包粽子、香囊、制作虎头帽、虎头鞋,各村还会组织烧百家饭,请各家各户品尝,寓意邻里和睦与粮食丰收。清明时节除了洲泉传统轧蚕花和蚕花会之外,摇快船、高杆船技等也是当地居民喜闻乐见的娱乐项目。

其次,在人生仪礼方面,洲泉镇保留了传统的南方地区生子婚丧仪式的地域特色。在当地,新生儿六个月六天时,会举行开荤仪式,会给孩子吃鸡冠,取"凤头"之意,"冠"谐音"官",让孩子未来仕途顺利;吃鸡心,记性好;吃鸡爪,跑得快等。当地以前的婚丧过程中会唱蚕花歌。在双庙渚附近的村落,在结婚仪式上会进行经蚕肚肠仪式,用板凳、红线、面条、杆秤对缫丝劳动进行再演绎,道具同时也是吉祥象征的意象,如红线代表丝线,象征喜庆丰收，面条象征长寿，秤象征称心如意。蚕歌《经蚕肚肠》也有对于婚庆的祝愿："第一转长命百岁……，第九转九子九孙，第十转十享满福，蚕肚肠经得匀，年年蚕花廿四分……"缠绵回环，极具祝愿之情。在葬礼上，女性家属会为逝者唱"讨蚕花"，希望逝者能保佑生者蚕花丰收，事业有成，即向逝者讨要蚕花之意。在清河村建有骨灰堂与土地庙，是当地宗族祭祀的重要场所。骨灰堂位于双庙渚寺西侧，据曾在双庆禅寺任职会计的老村民许清根所说，骨灰堂已有近五十年历史，并于几年前翻修。骨灰堂是清河村村民放置骨灰，寄存先祖灵魂之所。堂正中央放置一石鼎，上刻"安乐香火""甲申仲冬立清河村造"。除开正门一侧层叠有白色花圈，东、西、北墙均是陈列着各家灵牌的玻璃柜，另外还有彩带装饰，个别还存放有逝者遗像和骨灰盒。土地庙位于双庙渚寺中，进入双庙渚寺后的第一个空间便是供奉土地公婆之所，该处也是清河村村民诵经念佛之所，常有信众前来聚集念佛。

而在村落的民间信仰方面，清河村当地以双庆禅寺为核心。双庆禅寺的建立过程颇为曲折，也反映了当地地域和文化的历史变迁。双庆禅寺处于双庙渚一带，双庙渚上原有两座寺庙——许福庙和顺和庙——两庙隔水相望，而双庙渚因此得名。民国时期许福庙曾因自然灾害倒塌，顺和庙曾多次因不同原因而烧毁。1998 年，当地村民重建一座新庙，用于纪念这两座隔水相望的庙宇，将其命名为"双庙渚"。因此，双庙渚寺建成了。同年，当地村民在双庙渚寺附近筹款建造双庆禅寺，由于该寺建于双庙（许福庙和顺和庙）旧址，且由演庆寺、顺庆寺合并而来，双庆禅寺的名称就此定下。在双庙渚的双庆禅寺中，除与当地蚕桑息息相关的马鸣王菩萨和相关神灵之外，一入山门，便是十八罗汉，前殿内供奉有四大天王、弥勒佛及尊天菩萨等，前殿后空地立有一尊观世音菩萨，正殿名为"大成就殿"，供奉有如来佛祖及各路神仙，两侧寺殿多为僧人居住，地藏王菩萨则坐镇寺尾。

最后，由于桐乡地处蚕桑文化腹地，植根于历史悠久的蚕桑土壤，孕育出洲泉镇众多独树一帜的民间艺术。其中桐乡蚕歌是蚕桑文化中不可或缺的奇葩，同时它也作为代表性蚕桑文化民间创作入选第三批浙江省非物质文化遗产名录。桐乡蚕歌主要依靠口耳相传进行传承，亦有部分民间抄录版本，如抄于清光绪二十九年（1903 年）的《马鸣王蚕花》。旧时洲泉一带农村经常有携带黄蟒蛇的民间艺人口中唱道："青龙到，蚕花好，去年来了到今朝，看看黄蟒龙蛇到，蚕花廿四分稳牢牢。"，在蚕农养蚕开始前上门乞讨，演唱《蚕花赞》，祈求蚕花娘娘显灵，蚕桑丰收。在当地，蚕农认为黄蟒蛇是青龙的化身，所谓"青龙到，蚕花好"当地蚕农为讨彩头，也愿意施舍这些民间艺人，而这也是蚕歌流传的一种方式。上文所提到的《经蚕肚肠》也是颇有名的一首蚕歌。洲泉镇所流传的一首蚕歌《蚕花歌》抄录如下：

马鸣王菩萨坐莲台，到侬府上看好蚕。
马鸣王菩萨生在啥地方，生在东阳义乌县。
马鸣王菩萨要吃啥小菜，要吃千张豆腐干。
清明一过谷雨来，谷雨两边要看蚕。
当家娘娘有主意，蚕种放在匾里面。
隔了三天看一看，布子上面绿茵茵。
当家娘娘好手段，鹅毛轻轻掸介掸。
头眠眠得斩斩齐，二眠眠得齐斩斩。
火柿开花捉头眠，楝树开花捉大眠。
大眠捉得真正好，连夜开出两只船。
一只开到许村去，一只开到庄婆堰。
昨日价钿三千六，今日赚掉一大半。
难为一摊老酒钿，船里装得满堆堆。
拔起篙子就开船，顺风顺水摇到桥塊头。
毛竹扁担两个尖，一肩挑到蚕房边。
当家娘娘有主意，攀枝桃花鞭加鞭。
喂蚕好比龙风起，吃叶好比阵头来。
龙蚕看到五昼时，七八昼时要上山。
前窝后窝都上到，还有三墰小伙蚕。
上来上去没处上，只好上到灶脚边。
隔得三天看一看，好像十二月里下雪天。
大的蚕茧像鹅蛋，小的蚕茧像汤圆。
一家老小大家来，蚕茧采了几十担。
三十六部丝车两横摆，敲落丝车把船开。
粗丝要往杭州送，细丝要往湖州载。
银子卖了几十两，眉开眼笑回家转。

当家娘娘要放，当家爹爹要藏（藏，吴方言念作 kang）。

当家娘娘存心办嫁妆，当家爹爹要想造楼房。

今年蚕茧收成好，全靠马鸣王菩萨上门来。

恭喜大发财！

流传于桐乡民间的蚕歌，保留了大量蚕农智慧的结晶，包括生产技术、生产经验、劳动习惯、宗教信仰等蚕桑历史，是当地蚕农最为宝贵的文化财富。

（二）蚕花水会的历史渊源及主要空间

1. 历史渊源

洲泉因蚕而兴，有着上千年的种桑养蚕历史，是江南蚕文化的发祥地之一。

蚕时是每年的 4 月、5 月前后，因此值此时节的清明节就显得格外重要，嘉兴地区有"清明大于年"之说。在清明节，洲泉镇就会组织蚕花水会来祈求新一年蚕事的丰收美满。

根据洲泉老蚕农吴文祥讲，当地人普遍认为马鸣王是南宋时宋高宗赵构为鼓励农民从事蚕桑而敕封的神灵。他将马鸣王封为"马鸣王大士"，尊其为蚕神，让各乡各镇的蚕农建造寺庙供奉。正因如此，双庙渚附近的蚕农接连在清河村、永秀村、芝村建起三座马鸣王神殿，分别为现在的贵和庙、富墩庙、龙蚕庙。三座庙宇相互距离在 3 千米以内，都有木制的马鸣王神像，因传三座神像皆以同一块原木在同一时间做成，当地人又将其称之为马鸣王三姐妹，旧时，三座庙宇常常联动，共同举办仪式活动，以清河村贵和庙为核心空间的蚕花水会即是如此。

相传，蚕花水会始于南宋宋高宗时期，每年清明时节，当地蚕农就会摇船前来祭拜马鸣王菩萨。随着经济发展，前来供奉的蚕农船只逐渐变多，规模逐渐扩大，各类民间文体技艺争相加入，蚕花水会的雏形逐渐诞生。由于洲泉一带蚕桑生产条件好，当地蚕农众多，因此清明节前后，以贵和庙为核心的蚕花水会逐渐蔚然成风，成为一年一度蚕农的狂欢。作为蚕花水会一项重要的环节，高杆船技起源于明末清初，在清代后期和民国时期最盛，作为高杆船技载体的蚕花水会，其发展状况也能从高杆船技的发展中略知一二。据清光绪《石门县志》记载，清明节当天"农船装设旗帜，鸣金击鼓，齐集龙蚕庙前，谓之龙蚕会，亦击鼓祈蚕之意"。可见清朝蚕花水会规模之巨。

据嘉兴非物质文化遗产桐乡拜香凳传人戴海林所说，拜香凳于 1929 年传入并成为桐乡市崇福镇芝村龙蚕庙水上庙会的重要表演内容之一，在那时各地蚕花盛会的节目由当地各村村民表演，各自为阵，竞相献技，一派热闹。

一直到新中国成立之前，蚕花水会办得都很热闹，尤其解放战争时期，因为政府的支持，蚕花水会办得很隆重，直到 1948 年的蚕花水会办完基本停止举办。民国三十七年（1948 年）《崇德民报》三月二十四日的报道中写道："三月二十日，本乡十四保双庙渚（又名"贵和庙"）与邻乡芝村交界地方，往往于每年清明节前后，必有人发起伙同邻乡农民举行大规模之迎神赛会，以纪念马鸣王菩萨为号召，参加赛会，借以祈求田稻蚕丝五谷的丰收。在赛会中有龙船、拜香船、打拳船……" 1949—1998 年蚕花水会停办了近半个世纪，期间也有村民自发组织过一次蚕花水会。直到 1999 年，蚕花水会恢复并在清明时节举办。

2009 年 6 月，双庙渚蚕花水会被列入浙江省第三批非物质文化遗产名录，并在此后规模逐渐扩大，参与庙会的人数不仅有周边村庄的蚕农，还有慕名而来的外地人。同时还增加了祭祀大典、唱戏、美食摆摊等活动。2010 年还进行了蚕桑丝织品贸易项目签约仪式。2011—2016 年则因安全等因素考虑，当地村委限制了蚕花水会的规模，取消了许多环节和节目，包括核心的祭祀马鸣王菩萨的环节。2016 年以后，蚕花水会又重新举办，期间除去因疫情等原因停办的几年外，至 2022 年已是第十五届。

2. 主要空间

蚕花水会分为水陆两大空间。

① 水域方面，承载蚕花水会的河流没有精确的名字，属于京杭大运河水系中南北走向的一段，有村民叫它贯河（下文同）。清河村村民讲述说："南北流向的河是跟长沙河贯通的，我们这里的人就叫贯河。河分成南金山洋、北金山洋，大的地方叫南金山洋，不是河叫南金山洋。'金三洋'又可记为'金三羊'。金山洋这边也有一个传说。以前，住河边的时候有一只山羊跑过来，是金子做的，有个人用绳子把山羊抓住了，大家给了他一点辛苦钱。后来第

二天，山羊就跑掉了，就叫金山洋了"。

② 陆域方面，以前清河港（河贯河）的两岸各建有一座寺庙，河东为许福庙，河西为顺和庙，因此叫"双庙"；"渚"指水中小洲，两座庙三面环水，因此这个地方叫作双庙渚。

建国前的蚕花水会都是在双庙（顺和庙、许福庙）和金三洋区域举办。民国年间，河东许福庙供奉五通神和蚕花娘娘，河西顺和庙供奉观音大士、马鸣王菩萨、土地公等，解放后双庙变为工厂，1998 年恢复重建。在双庆禅寺北面，是原先的顺和庙（如今的双庙渚老庙），前殿供奉土地公公土地婆婆，前殿两侧供奉黑白无常。后殿供奉观音大士。在马鸣王殿供奉着马鸣王菩萨。庙中有四张长桌以供村中老太前来念佛诵经。

双庆禅寺位于清河村双庙渚。1998 年，由附近村民发起筹款建造，因附近原有顺庆寺、演庆寺，又在双庙（顺和庙、许福庙）旧址新建，双庙合并，故名双庆寺。2003 年，经批准，在寺院南侧，依旧时顺庆禅寺之结构布局，易地扩建双庆禅寺。双庆禅寺年份并不久远，装修仍新，进入正门，广场之上便是一尊十米高的观音大士像，观音身后是正殿——大成就殿，殿内供奉四大天王、弥勒佛、法身佛、报身佛、应身佛、五百罗汉等等。

（三）蚕花水会的传承现状

双庙渚蚕花水会的环节众多，其相关和衍生出的民俗活动更是异彩纷呈。在蚕花水会正式开始前几天，民众会陆续来双庆禅寺和双庙渚庙上香拜佛，附近的妇女老太也会在此念佛诵经。念佛经也是在双庆禅寺中念，"老太念佛，念佛就佛经，佛经念好之后"祈求"风调雨顺，人民呢安居乐业这个意思。就是一种向善的感觉"①

1. 进香祭祀仪式

蚕花水会正式开始后，有民众集体进香仪式，即附近村民将马鸣王菩萨和蚕花娘娘迎出并祭拜，点香烛、献蚕花、供祭品、放鞭炮、十六只鼓齐鸣。仪仗（村民）将马鸣王菩萨和蚕花娘娘迎至临时搭起的台子正中，仪仗分列两旁，中间留出空地表演民间舞蹈《拜香凳》，表演者为八个十岁孩童，女着

---

① 被访谈人：何建春，马鸣村村民，男。访谈人：王梦瑶、林琴秦。访谈时间：2019 年 3 月 10 日。访谈地点：桐乡市洲泉镇马鸣村老街。

红男穿绿，边舞边唱蚕歌《十只香烛》以祈求蚕神保佑。三位老者身着深色长袍，戴黄色长丝巾，双手持高香走上祭台敬香；舞台前，30 名男性身穿汉服、手持蚕匾、桑条在祭台前献祭舞，祈求蚕神保佑养蚕丰收；最后由蚕花水会传承人宣文，行祭拜礼，底下民众自发上前朝拜进香。

2. 水上活动

水上有村民布置的船队，有专门放蚕花娘娘和马鸣王菩萨的神船，还有龙蚕船、拜香船、缫丝船、高杆船，四周还有各村摇快船（也称踏白船）的代表队和船只以及负责维护水上秩序和安全的安保船队。

① 巡游：首先由蚕花娘娘和马鸣王菩萨带头，带领各船在南北走向的河道巡游。各船身上有大红横幅，上写"保护文化遗产，守护精神家园""祈求生活美好　蚕花廿四分"等口号和祝愿等，船队穿过双庆禅寺边清河桥巡游，届时两岸民众和桥上民众都会观看。

② 各船展示：龙蚕船之上是一只巨大的龙蚕，身形巨大，通体雪白，首有龙角；拜香船之上是祭祀时的红绿男女，继续边唱蚕歌边跳民间舞蹈《拜香凳》；缫丝船之上是几位当地妇女现场通过缫丝机展示蚕桑丝织技艺。高杆船为龙船，船正中央有一十数米毛竹，插立在船中石臼，三支较粗的毛竹绑扎成三角支撑竖立。是接下来的高杆表演场地。

③ 摇快船：也称踏白船。在船队巡游完后，其他船只陆续靠岸，为接下来的摇快船比赛腾出场地。摇快船既是水会仪式活动，也是民间游艺活动，由洲泉各村的青壮年组成代表队，每船十三人，两两一组。快船在指挥者的鼓声中快速前进，十二柄桨整齐划一节奏极快地划动，速度最快的不仅可以获得农副产品等奖品，也被认为养蚕会丰收，新的一年养得最好。

④ 高杆船技表演：是蚕花水会中最为精彩刺激的表演，由国家非遗传承人屠松根以及他所收的两位徒弟向大家展示。高杆船技也叫高杆船杂技，是在水上模拟蚕宝宝吐丝作茧动作的传统民俗杂技项目，于 2011 年 5 月 23 日入选第三批国家级非物质文化遗产名录。表演者穿着象征蚕宝宝的表演服，徒手爬上十数米的毛竹，模拟蚕宝宝吐丝作茧，有顺撬、反撬、反张飞、硬死撑、扎脚背、扎后脚、扎脚踝、扎脚尖、坐大蒲团、咬大升箩、咬小升箩、扎后脑、围竹、捐竹、蜘蛛放丝、张飞卖肉、田鸡伸腰、倒扎滚灯十八个动作，也有苏秦背剑、倒挂锄头、丝车滚灯、蜘蛛放丝等有趣别称，"人在杆上

翻、杆在船上立、船在河中行"是高竿船技的最大特色。

3. 游艺民俗活动

在蚕花水会举办期间，河道旁会临时搭起给戏班子唱戏用的戏台，清河村村委会邀请剧团来此演戏。按照以往规格，一天三场上午下午晚上，一共三到五天，节目由剧团自行决定。2015 年有《祝枝山嫁囡》《清官谱》《仇郎斩父》《陆宝童下山》《泪洒相思地》《大发财》《文武状元迎亲》等。2016 年的剧目有《九斤姑娘》《泪洒相思地》《盘妻索妻》《奉汤》《大发财》《情勾》等①。剧团所唱曲目以越剧为主，洲泉地处吴越地带，百姓所听戏曲多为越剧。

由于 2019 年疫情原因加上水会地点桥梁翻修，蚕花水会没有开成，文化站站长叶辛根决定 2021 年要大办一场蚕花水会。"明年大办呢，办是肯定要办的。""确保明年大办，稍微推迟一点也没关系。"②最近一届（2021 年第十四届）的蚕花水会由洲泉镇文化站牵头，提供经费，再由各村合作。叶站长所做的龙蚕今年也是第一次亮相。由于疫情的压抑，第十四届蚕花水会的规模和盛况空前，前来参加蚕花水会的游客村民多达数万，甚至还吸引了湖州市等外地民众前来。除去蚕花水会的幕后和工作人员，前来参加庙会的民众不仅是为了观看精彩的船队巡游和表演，也是来双庆禅寺或者双庙渚老庙进香参拜，

值得注意的是，近年来民众上香的趋向性表现出大众更多去双庆禅寺上香，而去双庙渚参拜蚕花娘娘的香客也大多让其保佑财运，蚕桑信仰的重要程度和功能发生了一定变化。

近几年来，蚕花水会仪式活动不再简化，而是呈现出更加丰富多彩的活动。不仅原汁原味保留了以往水会的流程，还在洲泉文化站和清河村村委的带领下，丰富了水会民俗活动和文化内涵。从最开始的为蚕花娘娘梳妆打扮着新衣，迎蚕花娘娘祭拜上香，举行祭祀仪式，再迎至蚕神娘娘船上巡游，举行摇快船比赛和高杆船技表演，其间邀请剧团前来演戏，开办非遗美食摊位和零售摊位，促进民众和民俗的亲密接触交流。足以看出领导班子对于蚕花水会和蚕桑文化的重视。在第十四届蚕花水会上，除了数万的当地蚕农百

---

① 王燏璠：桐乡洲泉镇双庙渚蚕花水会研究。

② 被访谈人：叶辛根，洲泉文化站站长，男。访谈人：张帅，林琴秦，王梦瑶。访谈时间：2019 年 7 月 21 日上午。访谈地点：桐乡市洲泉镇文化站。

姓，甚至有湖州民众专程跑来洲泉参加蚕花水会，民众对于蚕花水会的接受度欢迎度参与度更加提高。"高杆船技"非遗传承人屠松根也收了两名徒弟继续他的技艺传承，也是对蚕花水会不可缺少的一环的传承与坚守。2020年，省农业农村厅公布了重点安排的二十四节气农耕文化活动名单，洲泉镇蚕花水会赫然在榜，也吸引了各地方台乃至央视前来进行纪录片拍摄和实况转播。

（四）蚕花水会的意义与价值

1. 对于洲泉民众来说，蚕桑生产作为洲泉的一种传统技艺，与当地村落生活息息相关，生活的物质文化财富依靠蚕桑生产创造，生活习惯也受到蚕桑文化的浸润，体现出其身份属性和文化属性。参加蚕花水会，意味着认同自己是一名蚕农，至少认同自己是中国优秀民俗文化的一分子，是参与者创造者享用者。洲泉种桑养蚕已有4700多年的历史，是著名的蚕桑之乡、丝绸之府。参加蚕花水会，弘扬蚕桑民俗，增加文化认同，形成一个共同的文化圈，增加了当地民众不同村落之间的凝聚力和民心，更好地促进民众生活水平的提高，物质水平和精神享受的双线提升。蚕花水会也是一个独特的文化印记，民众通过参与蚕花水会来回溯地方历史和个人关于地方的记忆，当民众在同一时空，借由同一事件，同步甚至共同来完成这一身体实践时，乡愁的重量也得到强化。

2. 对于政府来说，洲泉蚕桑文化的生产、生态和文化优势将继续发挥，在合理保护和适度利用的基础上，会对当地农民就业增收、休闲农业发展、优秀文化传承等发挥持续推进作用①。蚕花水会不仅是文化活动，也是经济活动，蚕花水会将蚕桑文化优秀民俗等与现代化产业相结合，灵活运用文化赋能当地经济发展；蚕花水会也是"高杆船技""桑蚕丝织技艺"等闻名遐迩的非物质文化遗产展现和传承的舞台，是更好地保护传承弘扬优秀传统文化的抓手，宣传蚕花水会作为城市名片进行宣传，提高蚕桑文化对于当地以及周边地区的经济拉动作用。

3. 对于文化发展来说，举办蚕花水会，是对"高杆船技""桑蚕丝织技艺"等非物质文化遗产最好的保护和发扬。洲泉蚕花水会与江南地区普遍的蚕桑文化想必有其地域性和独特性，是独特的区域性文化形态和内容。坚持蚕花

---

① 浙江桐乡蚕桑文化系统保护与发展规划（2021—2030）。

水会创新性发展，保持文化多样性，发扬桐乡蚕桑文化，延续文脉。

三、含山轧蚕花的传承现状

（一）地域文化背景

1. 含山概况

（1）地理意义

含山（一名涵山、寒山）位于浙北，"界嘉湖两府，五河泾水出其下，语溪在县东南一里"①，今地处桐乡市、湖州市德清县、湖州市南浔区交界，隶属于湖州市南浔区善琏镇。含山为水乡平畴之中卓绝高丘，山高 60 米，占地几百亩，在属于平原地带的浙北，含山是绝少的山丘之一。相传如来佛从西天来东海游玩，途经杭州西湖，对此处的美景很是满意，唯一美中不足的是西湖没有山。他命四大金刚去他处搬山，填补遗憾。如来要求他们一天之内搬来一百座山峰。等到金刚搬来了九十七座山峰，还剩下三座山的时候。大金刚从太湖搬来三座，两座在肩，一座口含。途经桐乡海宁上空时一时气泄，分别将肩膀上的两座山和口中的山放在了海宁的东西端和桐乡湖州交界处。而这座山就名为含山。而较可信的是明万历《崇德县志》的记载："含山一名涵山……旧志云：山介两州故名含，又四水涵之故名涵。"含山地理位置优越，是湖州与嘉兴、杭州的天然中心点，京杭大运河盘蜒山脚京杭大运河是当时的水路运输要道，便利的水路交通也为桑蚕产业的发展提供了条件。

（2）文化意义

蚕花娘娘是杭嘉湖地区蚕农最普遍的蚕神信仰，蚕花娘娘的传说《白马化蚕》所发生的地点就在桐乡。桐乡童谣《呼蚕花》亦有体现：

喔！嗏罗罗！咩咩吗吗！蚕花落伢扁里来，白米落伢田里来，搭个蚕花娘子一道来。落伢屯里千万斤，落伢蚕花廿四分，东一村，西一村，烧香念佛看戏文，东也宁，西也宁，风调雨顺享太平。

---

① （嘉靖）浙江通志 72 卷 明嘉靖四十年刊本第 201 页。

而含山农村传说清明时节蚕花娘娘下凡来考察农村蚕事，便来到了含山，见含山香气阵阵，香火耀眼，蚕农信众祈祷蚕神保佑蚕桑丰收，兴致大起，化作一名翩翩女子在含山脚下卖蚕花[①]。蚕农们见该女子美若天仙，便争先恐后挤挤轧轧前来买蚕花。花一卖完，女子也消失不见。而买到了蚕花的人家，家中的蚕茧都有相当好的收成，蚕农也说这是蚕花娘娘显灵。从此，清明时节轧蚕花的习俗便流传开来，含山也成为了蚕桑文化信仰的中心。

2. 善琏镇、河山镇概况

含山隶属于湖州南浔区善琏镇，善琏镇也是文化气息浓郁的古镇。善琏镇地处湖州市南浔区南部，距湖州45千米、杭州70千米，东与练市毗邻，南与德清县新市镇和桐乡市河山镇接壤，西与石淙、千金两镇镇相连，北与双林镇莫蓉交界。人口3.2万人。小镇地处杭嘉湖水网平原，镇内水系发达，石砌河岸，尽显江南水乡风韵，是中国湖笔文化和蚕文化的发祥地，素有"湖笔之都、蚕花圣地"之美誉，拥有"湖笔制作技艺"和"含山轧蚕花"两项国家级非物质文化遗产，两次被文化旅游部命名为"中国民间文化艺术之乡"。相传，含山上的含山塔就是为了纪念蒙恬在善琏镇制笔而建。

河山镇地处杭嘉湖平原腹地，位于桐乡市西北部，西临德清，北接湖州。居沪、杭、苏金三角之中。全镇辖九个行政村，总人口29 680人（2017年），区域面积39.12平方千米（2017年）。境内地势平坦，气候四季分明，土地肥沃，物产丰富，河流纵横，环境优美，素有"鱼米之乡、丝绸之府"之美誉。含山在明代时属于崇德县石门乡，即现在的河山镇，后因区域调整，划为湖州市南浔区。但含山在某种程度上可以说为桐乡和湖州所共有。河山镇是国遗民俗保护项目"轧蚕花"的保护地，拥有世界非物质文化遗产——桐乡蚕桑丝织技艺、国家非物质文化遗产——清明"轧蚕花"等，已连续举办蚕花节，开展祭蚕神、轧蚕花、民俗巡游、蚕桑技艺展示、踏白船比赛等传统蚕桑民俗活动，体现了河山镇悠久的养蚕历史及蚕乡风俗文化。含山虽隶属于湖州市南浔区，但蚕桑习俗（含山轧蚕花）作为国家级非物质文化遗产代表性项目，申报是以浙江省桐乡市河山镇为主要单位的。

[①] 养蚕期间，蚕农为讨吉利，称一般野花为蚕花。

（二）轧蚕花的历史渊源与主要内容

含山虽只是一个小山包，但“山不在高，有仙则灵”，在含山上也先后建起寺庙殿楼，原山上有唐代始建的净慈院，院内有专祀蚕神马关娘的蚕花殿。山顶有含山塔，始建于北宋元祐。民间传说有八大景观：含山塔、仙人潭、仙人路、青龙井、卧虎石、凤首亭、含山泉、洗心亭。而在寺庙之中，自然要供奉各方神灵。其中马鸣殿也叫蚕花殿，供奉马鸣王菩萨（亦则蚕花娘娘），香火终年不断。含山周边地区家家户户养蚕，作为蚕桑民俗文化中心，含山上供奉马鸣王菩萨（或蚕花娘娘）是理所应当的。

含山农村传说清明时节蚕花娘娘年年都会被观音菩萨派下凡来考察农村蚕事，便来到了含山，见含山香气阵阵，香火耀眼，蚕农信众祈祷蚕神保佑蚕桑丰收，兴致大起，化作一名翩翩女子在含山脚下卖蚕花。蚕农们见该女子美若天仙，便争先恐后挤挤轧轧前来买蚕花。花一卖完，女子也消失不见。而买到了蚕花的人家，家中的蚕茧都有相当好的收成，蚕农也说这是蚕花娘娘显灵。从此，清明时节轧蚕花的习俗便流传开来。

蚕农崇拜供奉蚕神蚕花娘娘，祈求风调雨顺蚕花丰收蚕事顺利，能够“蚕花廿四分”。而蚕农前往含山庙中祭拜上香，便是得到心理满足的必要途径，含山轧蚕花的习俗活动也是在这样的情境下逐渐诞生并发扬的。

含山轧蚕花的民俗活动开始的准确时间并不明晰，而能在诗词歌赋中体现出来的，最早在乾隆年间，乌程诗人沈焯有《清明游含山》一诗：

群山西蟠不复东，此峰特起萑苻中。
长流襟带远帆出，一塔笔卓撑晴空。
吾乡清明俨成案，士女竞游山塘畔。
谁家好儿学哨船，旌旗忽闪恣轻快。
我时乘兴登其巅，青黄四望皆平田。
花明柳暗杏难辨，胸中气象但万千。
上有古寺依翠岭，三忙一过人迹冷。
林鸟时传空谷声，松风不扫石坛影。

首次提及并描绘了有关轧蚕花的蚕桑习俗活动。诗中的“哨船”即如今的打拳船，是轧蚕花水上表演的一个项目；"三忙"是农村人对于清明节的称呼。人们旧时将清明节称作"忙日"，第一、二、三天分别乘坐"头忙日""二忙日""三忙日"。

随着含山蚕农社会实践水平的不断提高，含山轧蚕花的活动也越发丰富，并且展现出极具地方特色和蚕桑文化特点的民俗活动。轧蚕花从清明开始，持续三天，期间周边农村的女子都会头戴蚕花以示仪式感。含山轧蚕花的主要内容流程如下：

（1）烧头香：旧时清明节，含山周边的蚕农（多女子）会早起上含山向蚕花娘娘上香，祈求蚕神保佑蚕花丰收，称去得越早诚意越足，祈愿的效力也会越强。上香的蚕农点燃香烛祈求蚕神庇佑，在参拜结束后，将香烛带回，此时，普通的香烛会变为"蚕花蜡烛"，得到了蚕花娘娘的祝福。传说在蚕花蜡烛光照下所长的蚕茧产量更大品质更高。

（2）背蚕种包：在清明节清晨，含山周边蚕农（多男子）为了祈求蚕神的保佑，会将自家的蚕种制成包袱背在身上前往含山祭拜蚕花娘娘，并且一定要在太阳升起之前回到家中。肩上斜背一紫红或玫瑰红的"蚕种包"，

将自家今年头蚕蚕种纸置于包幞之中。幞巾两头在胸前系一个结。背此包上山，是一种脚踩蚕花宝地，使"蚕种包"带上"蚕花喜气"，以祈求今年蚕茧丰收的古老风俗。蚕农认为，将自家的蚕种背到蚕花娘娘面前，直接受到蚕神的神力保佑，可以更加直接保证蚕事丰收，能够"蚕花廿四分"。

（3）请蚕花拜蚕神：当地以五颜六色的纸花代替蚕花，携带纸花前去祭拜蚕神。旧俗用红色彩纸剪扎成绣球样的纸花，养蚕时节戴在头上，以图吉利。传说此俗源于春秋时为西施首创。石门、芝村等地及河山一带均有此俗[1]。蚕花相传是蚕神的礼物，能够带来喜气，拥有蚕花的蚕农更有可能取得好收成。蚕花有一朵，也有一束的，在花上有海绵制成的蚕宝宝，五颜六色，沿用至今。请蚕花，就是在祭拜蚕神之前，要先买一束蚕花，拜完蚕神之后，将花带回家中，并放在灶头供奉，接着与蚕种放在一起。等到谷雨时分蚕种开始孵化春蚕时取出。而"轧蚕花"的名称由来，正是因为人人都戴蚕花买蚕花，上山祭拜的蚕农又太多，人山人海，挤挤轧轧，是为"轧蚕花"。

---

① 马新正，桐乡县志编纂委员会. 桐乡县志［M］. 上海：上海书店出版社，1996.

（4）画蚕花符：蚕农在祭拜完蚕神后，还需请庙中道士为其画蚕花符。该符由"姜正身修心"五字组成，意为姜太公用他所修得的道消灾避邪。蚕农将蚕花符贴在蚕室，以佑蚕宝宝平安。

（5）石击仙人潭：蚕农在含山下的仙人潭边，捡起石子并扔进水潭。当地传说谁将石子扔在水潭的正中央，谁就能得到蚕神的保佑，家中蚕事兴旺丰收，养出传说中的龙蚕。

（6）轧蚕花：上文所提，请蚕花之后，蚕农们热热闹闹互相挤轧，意为"轧蚕花"。

（7）拜香会：含山周边农村以及桐乡德清等邻县农村各自选出拜香会队伍，前往含山集体参拜蚕花娘娘，称为"拜香"。来自不同地方的拜香队伍，头戴蚕花，上山祭拜，在山下也可观看民俗表演，娱神娱人。同时，拜香队伍自己也会准备节目，在乘船前往含山的途中以及在含山表演，或唱或舞，或演或奏。拜香队伍在领头人的带领下，集体前往含山祭拜蚕神，之后可解散，自由活动。拜香队伍以"庙界"（即一庙所辖之地域、村坊）为单位，汇聚含山。

（8）水上表演：在山西含山塘，周边地区的蚕农会精心准备节目，娱神娱人。水上表演主要有三种：① 武术表演。在"打拳船"上进行表演。首先一般是单人表演打拳武术（也有对打），然后使用船上的刀枪剑戟进行表演；最后是举石锁挺石担，表演者百十斤的石担在他手里，被舞得如风轮一般，滴水不漏，表演完毕，面不改色气不喘，孔武有力，力大无穷，赢得民众一片叫好。② 摇快船。与蚕花水会的摇快船相同，来自各地的船舶同台竞技，比赛速度，获得蚕神的祝福。③ 高杆船技表演。与蚕花水会的高杆船技表演相同，由表演者在十数米的毛竹上，模仿蚕宝宝吃食吐丝，进行一系列惊险刺激的动作。最为精彩，叹为观止。

（9）拜蚕花忏：在清明节之后，蚕农请道士来到家中立蚕神马帐，进行祭祀拜唱，祈求蚕神保佑，衣食富饶。

（10）迎五圣会：周边蚕农抬本村庙中所祭拜的蚕神"蚕花五圣"巡游，带有祀"蚕花五圣"（天神、土地神门神、灶神、栏垫神即猪羊栏神），上市有蚕花五圣堂。河山有马鸣王殿。虎啸、高桥、留良有蚕花圣会。蚕户大门贴门神，以辟邪护蚕。所游之地为本村区域，在蚕神经过之时，家门前需要点蜡烛和香，村人合掌敬拜。值得注意的是，如果途经富裕之家，富户便会捐献大米，而收到的大米便会换成钱财，以备明年轧蚕花的仪式用度。因此，迎五圣会也会被称为"化缘会"，形象生动，也体现出农村社会的人情味和凝聚性。

现在，含山轧蚕花活动的流程也在不断更新换代，去除掉一些陋习陋俗之后，现代轧蚕花活动在保留基本流程的基础之上，也新增了敲棉兜、拉丝棉、旗袍秀、游含山、品美食等一系列文化民俗活动[1]。据说，改革开放以后，含山风景区每年要选十名蚕花姑娘，一人一轿，抬着上山，人们为一睹芳容，万人空巷。现在祭祀队伍在圣地阁前集合，抬着装满"利市头"、鸡、鱼、蚕茧、丝绸、蚕花等吉祥物的祭品箱，从上山的前门进入，一路吹打到"仙人潭"，在蚕花娘娘像前敲锣打鼓列队祭祀，祈祷丰收。但轧蚕花传统民俗依旧保有其独特的文化内涵与文化价值。

（三）轧蚕花的传承现状

历史上的含山轧蚕花杭嘉湖地区最具代表性也曾是规模最大的蚕神祭祀活动。如今的轧蚕花已经在2008年入选国家级非物质文化遗产代表性项目名录，在政府的重视和民众的支持下，轧蚕花仪式愈演愈盛。当地在1993—1998年先后在风景区内重建了蚕花殿、净慈寺，新建蚕丝博物馆、圣地阁、含山传奇游乐宫、水上看台等，又修复旧景仙人潭，并改善了基础设施，提升了游客在参与轧蚕花民俗活动时的游玩质量。现有当地村委联合组织仪式进行，在规范活动合理有序的同时，引领民众感受蚕桑文化的熏陶。2018年领头人在轧蚕花祭蚕神时的祭文如下：

蚕花娘娘兮，文武双全，拯父于战难，置身于度外。马到成功，堪称英烈，重真情，以身相许，一腔热血泣天地，白驹马前生死缘。阴阳轮回，脱胎换骨，亦桑亦蚕。春蚕到死丝方尽，留得真情满人间。

蚕花娘娘兮，天之精华，地之灵杰，生亦含山，玉女这身熔山石为温柔，死亦含山，坚贞之形化混沌为清明。花容月貌，羽化西施，洒蚕花于含山，聪颖蚕妇，惠顾乡里，盈济百姓，缠绵天下有情人终成眷属。

斗转星移，沧海桑田，三千载蚕花节年年相续，五万里丝绸路遥遥连绵。

---

[1] 第二十四届含山蚕花节暨2019年含山"轧蚕花"民俗活动一览表。

亘古至今，男耕女织，丰衣足食，国泰民安，四方百姓感恩戴德，塑蚕花娘娘像于山巅，焚高香以祈祷，轧蚕花亦庆典，清明年年，船产连连，龙舟竞渡，情满含山，一步一步扣曰：此乃蚕花娘娘之无量功能也。吾蚕花娘娘慈悲为怀，今祈祷吾乡风调雨顺，民众安康，蚕花丰收，年年有余。

而前来参加轧蚕花的民众也不只限于蚕农，各行各业的平民百姓都踊跃参与到了轧蚕花仪式中，轧蚕花也更加成为桐乡湖州两地非遗文化和蚕桑民俗的连接纽带，更是两地民众共同的精神财富。现在轧蚕花已不单单是属于蚕农的狂欢盛宴。这一传统的民间民俗活动正不断地在创新中得以传承发展，成为集文化、旅游、商贸于一体的综合性节庆活动，是南浔民俗活动和文化旅游的一张"金名片"。

（四）轧蚕花的危机

1. 客观原因

（1）由于近年来桑蚕产业综合效益低下、农村劳动力流失加剧、蚕桑生产成本不断提高、养蚕风险不断增加，传统蚕桑产业已经有衰落趋势，逐年萎缩态势难以逆转；同时，美丽乡村建设不断推进，传统养蚕不再适用于现代化农村发展格局，传统蚕桑在农村难有立足之地。现代化农业技术不断发展，城市化水平不断提高，传统蚕桑养殖技术濒临消失，耕地资源紧张，桑地面积不断缩水，养桑的客观条件日益苛刻。

（2）各地政府比较重视文化，但对于入选国家非遗项目的蚕桑民俗活动，政府的着力点在于发掘深层文化，忽略了表层的民俗意向和活动仪式，提高了民众参与的门槛，拉远了民众参与的距离。在地方上的庙会活动、蚕事活动政府的宣传力度和重视程度比较低，参与的游客少，文化交叉和交流减少。

（3）轧蚕花民俗文化的传承人日益减少，传统蚕桑文化具有保守性，很难引起当地年轻人的兴趣爱好，轧蚕花民俗缺少受众，难以继承。

2. 主观原因

（1）目前主管含山轧蚕花的南浔区善琏镇在发展规划上以发展湖笔为主，遵循"浙北文化名镇·中国湖笔之都"旅游发展战略。相较于湖笔而言，轧蚕花并不受重视，在资源倾斜力度和知名度上，比不上湖笔。轧蚕花的文化印记在善琏镇逐渐淡化。

（2）就非遗项目来讲，含山轧蚕花这个国家级非遗项目是由桐乡市申报的，保护单位为桐乡市文化馆（桐乡市金仲华纪念馆桐乡市非物质文化遗产保护中心），但桐乡在行政关系上无法管理隶属于湖州市南浔区的含山的庙会活动，含山轧蚕花实际的主办单位属于南浔区善琏镇，而南浔区并不是保护单位，因此影响了保护含山轧蚕花蚕桑文化的积极性，落入两不管的境地。

四、总结

桐乡洲泉蚕花水会和含山轧蚕花，是典型的江南蚕乡的大型庙会，也是作为杭嘉湖中心的桐乡最具有代表性和地域性的蚕桑民俗仪式活动，更是最能体现桐乡地区文化精神与脉络的艺术形式。桐乡蚕桑文化是千百年历史进程汇总当地居民和自然和谐相处的产物，而依托蚕桑文化所构建的蚕桑庙会，体现着桐乡地区蚕农的蚕桑生活与精神面貌，是蚕农们在枯燥繁重的农村生活中难得的自我狂欢。在以前，因为某些仪式不符合社会现状，不适应社会变革，庙会压缩、整顿甚至中断停办的状况时有发生，一些旧社会的封建迷信思想陋习也会在庙会中展现，但令我们很欣慰的是，无论是政府还是民众，都有正视传统民俗和现代生活的冲突与可能性的觉醒之势。桐乡洲泉蚕花水会和含山轧蚕花分别入选省级非遗项目和国家级非遗项目，也是提振了我们对于蚕桑文化复兴和发扬的信心。如今，桐乡各地组织开展大小不一的蚕桑民俗活动，参与蚕桑仪式的呼声高涨，民众参与的热情高涨；政府创办蚕桑民俗博物馆、蚕桑遗产保护区、蚕桑体验馆等文化保护单位，政府和民众上下齐心，同心戮力，"传承不守旧，创新不离根"，我们坚信，桐乡桑蚕文化会在桐乡大地上茁壮成长，成为当地居民深耕内心的文化自信与乡土情怀的重要来源。

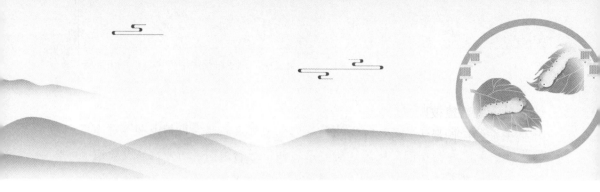

第三章 湖州蚕桑民俗传承现状
调查报告

一、进入德清县

本节主要介绍田野点德清县的自然地理环境、社会历史背景、蚕桑文化产业的变迁和与蚕有关的民俗概况，力求较为详尽地描述德清县的背景。

（一）德清自然地理环境与社会历史背景

德清县为浙江省湖州市辖，位于长江三角洲杭嘉湖平原西部，总面积935.9 平方千米，地处北纬 30°261′～30°421′，东经 119°451′～120°211′，东面是上海，南面接壤杭州，北面是湖州太湖地区，西面则是天目山麓。县境地势西高东低，坡度自西向东逐渐变缓变平，西部为山地，中部为丘陵平原，东部为平原。

德清县气候属亚热带季风气候，温暖湿润，四季分明，年平均气温为 13～16 ℃，最冷月为 1 月平均气温 3.5 ℃，最热月为 7 月平均气温 28.5 ℃。无霜期 220～236 天，多年平均降水量 1 379 毫米。如果将气候按时间划分：3～6 月以偏东风为主，多雨水。6 月为梅雨期，7 月受副热带高压控制，地面盛行东南风，气候干热。8～9 月常有台风过境，酿成灾害。10 月秋高气爽，雨量稀少。11 月至次年 2 月，盛行西北风，气候寒冷少雨。按地理位置划分：大部分地区冬长秋短，夏、春居中；海拔 500 米以上山区，则冬长夏短，春、秋居中。德清县的水热条件较好，因此有着丰富的动植物资源。县境内以酸性红壤为主，植被以适应弱酸性环境的植物为主，竹、茶、松、杉、果等，竹类植被的比例最大。东部平原地区则以水稻土为主，土层较深厚、养分丰富，因此利于种植粮油作物。植物种类繁多，仅高等植物就有 500 余种。其中水杉、银杏、金钱松、鹅掌楸、三尖杉等属国家保护植物。

"德清"取名源于"县因溪而尚其清，溪亦因人而增其美"。1984 年，《德清县志》首次提出了"人有德行，如水至清"。这八字来源于春秋时期，老子的《道德经》。作为德清城市品牌主推广语，展现了德清山青水清的外在美和人美心美的内在美。近年来，随着社会经济和城镇化的快速发展，于 2016 年对德清县行政区划进行大调整，沿袭 12 年的"九镇两乡"被"四街道八镇"所替代，全县有莫干山镇、新安镇、雷甸镇、洛舍镇、禹越镇、乾元镇、新市镇、钟管镇、武康街道、舞阳街道、阜溪街道、下渚湖街道。2020 年 3 月，划出原阜溪街道秋山村、秋北村，原下渚湖街道新琪村成立康乾街道托管乾元镇的联合村、金鹅山村。现今德清县共有八个镇，五个街道，三十个社区，一百三十七个行政村，七个居委会。

德清历史悠久，素有"名山之胜，鱼米之乡，丝绸之府，竹茶之地，文化之邦"的美誉。

早在新石器时代就有人类在此地繁衍生息，有着良渚文化的遗迹和古代防风文化的传说等一大批文化遗产。（2010 年 5 月 18 日防风传说入选第三批国家级非物质文化遗产名录；2019 年 7 月 6 日中国良渚古城遗址获准列入世界遗产名录。）德清的方言，是一种吴语方言，属于吴语太湖片苕溪小片。因为县内地域人口分布的特征，形成了以新市为代表的东部口音（新市话），以乾元为代表的中部口音，和以武康-莫干山为代表的西部口音。德清也孕育了一大批历史文化名人如沈约、孟郊、管道昇、俞平伯、姚思廉等。其中孟郊，唐代著名诗人，湖州武康人，因其诗多写世态炎凉，民间苦难，故有"囚诗"之称。孟诗现存 500 多首，诗歌《游子吟》千古流传，孟母三迁的故事童叟皆知。孟郊辞世后，人们为了纪念他为其立孟郊祠，现位于武康街道春晖街与铁路交叉口往西 10 余米。俗话说一方水土养一方人，德清民风古朴，茶事清雅。比如下渚湖的"三道茶"风俗，就深深烙有古代茶道遗风。"三道茶"分甜茶、咸茶和清茶，三种茶风味迥异。第一道甜茶是指一种用糯米制成的食品冲水泡的茶，加入几勺白糖，甜甜的，香香糯糯的，入口即化。第二道咸茶是由青毛豆和橙子皮腌制后和胡萝卜干丁以及上好的绿茶泡水制成，也称为"防风神茶"。第三道清茶，茶叶产自莫干山高山区莫干黄芽，为稀有的黄茶珍品，茶香馥郁，汤色清澈，回味甘甜。德清有着丰富多彩的节日风俗：如春节，除夕夜大家要聚在一起吃年夜饭，长辈给小辈发红包，一起守岁。农历正月初一早晨，家家吃甜汤圆，又称顺风圆子，意为一年顺顺利利，一年从头甜到尾。男女老少都穿新衣，这一天不扫地、不洗衣裳、不做家务。初二起开始走亲访友，互相拜年，至亲轮流请吃饭，一般要持续到正月十五。初三要拜灶神，祈求终年平安。初四时，一般家庭都会用活锦鲤接"财神"，晚上接近十二点时还会放鞭炮来迎财神，初五商店就会开门营业。清明节，旧时家家会准备香烛、冥纸去亡亲坟头祭奠，清理墓地杂草。农村家里会烧一大桌子美食，准备好黄酒清茶和香烛以此祭拜祖宗。家家户户会做青团子，裹粽子。新市古镇还会举办蚕花庙会，扫蚕花地，拜蚕花娘娘等活动。

（二）德清蚕桑文化产业的变迁

蚕桑产业是德清县的传统优势产业，具有几千年的历史，是全国重点蚕区和传统的茧丝绸生产基地，素有"丝绸之府"的美誉。根据在德清县"梅林遗址"相关考古可知，早在商周时期就有桑园分布。三国时期，德清武康生产的蚕丝在东吴就被称为"御丝"。到了明朝，蚕桑业已经成为德清的主要产业之一。《菰城文献》中曾描写到"德清桑叶宜蚕，县民以此为恒业，傍水之地，无一旷土，一望郁然"。历史上养蚕一般都是农民以土种自繁自育，一直到1917年左右，武康试办了第一个盐卤蚕种场。1933年，试办清溪蚕种场。抗日战争后，又先后建立了白虎圩蚕种场和莫干蚕种场，不同的蚕种场生产不同品种的蚕种，这种现象有利于加快农村改良蚕种的速度。

1984年我国实行了家庭联产承包责任制，蚕桑生产也有了很大的改变。1990年，全县种植桑树3 458.5万株，发展新桑15 888亩，改造老桑14 843亩，平均年种桑4 390亩。蚕茧的总生产量从1983年到1990年，也从5 009吨增长1.05倍到10 296吨。可以说20世纪80年代中后期到21世纪初，是德清蚕业的高峰期。1992年，桑园面积达5 100平方公顷，全年饲养蚕种31.5万张。德清中东部水乡的农民家家户户种桑养蚕，蚕桑收入成为家庭主要经济来源。1996年在县委、县政府领导的重视下，在浙江省农业厅经作局、浙江省农业科学院蚕桑研究所的大力支持下，在德清县高桥镇湖墩村建立了当时浙江省唯一的一家省级现代蚕业园区。2001年起在政府的重视下，在德清县的新市、新安、禹越、乾元、雷甸、洛舍、钟管 7 个乡镇实施桑园优化改造工程建设；在武康镇五四村和洛舍镇东衡村、新市镇水北村、乾元镇幸福村一带建设浙江省标准化蚕种繁育基地；推广"企业＋基地＋农户""企业＋合作社＋农户"等产业化经营组织 11 个，实现产、供、销一体化经营，延伸蚕桑产业链。

　　进入 21 世纪后，蚕桑产业便逐步衰退，近两年更有加速下降的趋势。相关数据显示 1992 年德清全年的发种量有 306 111.6 盒，2009 年德清全年的发种量为 71 356 盒，仅占 1992 年的 23.31%；全县蚕业产值占农业总产值的比重从 1992 年最高的 8.18%下降到 2009 年的 3.3%。造成这种的现状的原因是多样的，比如蚕业生产萎缩、从业人员老化、生产用房流失、桑园基础条件差、蚕茧垄断经营等。德清县作为沿海经济发达地区，农村劳动力正快速向二、三产业转移，桑蚕业作为"劳动密集型"生产产业在农业经济中的比较优势不断丧失，再加上城市化进程的加快导致土地资源稀缺，纺织行业的科技不断创新进步从而使国际丝绸市场剧烈波动，农村生活水平不断地提高对工作待遇期望越来越高等等因素都在促使德清县蚕桑产业的衰退。

　　德清蚕桑的发展和衰退是浙江省蚕桑业历程的缩影。2015 年，省政府办公厅《关于推进丝绸产业传承发展的指导意见》中，指出了丝绸产业作为历史经典传承产业的发展方向。针对德清问题提出：只有转变传统观念，才能传承发展德清蚕桑。这几年，德清县的蚕桑专业合作社和家庭农场的发展，正在不断提高产业的组织化、专业化和规模化程度，培育蚕桑主体，推进产业规模化产业化。可以将蚕桑产业进行开发多元利用，提升产业附加值，增加亩桑产值，如以蚕丝生产为核心，发展桑园养鸡、套种蔬菜和桑枝食用菌栽培等综合利用。发展蚕桑经济的同时，提升生态效益，推进产业可持续发展。2012 年浙江大学新农村发展研究院的有关专家，在德清下渚湖旁边发现了"桑基鱼塘"的样板，并建议德清进行"桑基鱼塘"模式保护。德清蚕桑文化底蕴深厚，政府保护蚕俗文化的同时打造蚕乡古镇经济带。德清蚕区的蚕农常在清明养蚕之时祭拜"蚕花娘娘"。每年的清明节前后都会开展新市蚕花庙会，期间热闹非凡，正是政府组织经贸洽谈会、开展招商引资的平台。20 世纪 60 年代政府以新市镇水北村的张月华为原型，以德清"姑嫂蚕室"为蓝本创作电影《蚕花姑娘》，在德清县近年打造古镇蚕乡的美丽乡村建设中，可作为村落保护的历史遗迹加以保护。种种迹象表明对蚕桑文化的保护有利于推动经济社会发展。

莫干天竺蚕种公司为了农耕文化的传承与保护,决定开发"蚕乐谷"项目,以便抢救、收集、展览蚕桑文化,向青少年开放,让他们在看、听及实践体验中了解蚕桑文化,加深对传统文化的了解和对家乡故土的热爱。在2016年"莫干山蚕乐谷"被评为省级休闲农业示范基地,至2017年,蚕乐谷年接待游客人数达12万人次。此项目的成功为蚕桑企业转型升级提供了新方向。近几年德清县通过开展家蚕饲养体验、蚕桑民俗宣传、果桑旅游采摘及丝织工艺展示等内容丰富、形式多样的蚕桑文化活动,不断挖掘蚕桑产业的文化价值,不断传承发展,形成产业经济的新亮点。

(三)德清蚕俗概况

2009年9月30日联合国教科文组织保护非物质文化遗产政府间委员会会议决定,"中国蚕桑丝织技艺"入选"人类非物质文化遗产代表作名录"。中国蚕桑丝织包括:杭罗织造技艺、轧蚕花、扫蚕花地、丝绸生产习俗等。德清在长期的蚕桑生产过程中,形成了一系列独特的有关蚕桑的传统民俗,渗透到口头文学、民间信仰、人生礼仪、节日庆典、民间工艺等各个方面。

古代人们对各种自然现象不能解释时,往往会赋予它们神灵的概念。在德清县的蚕桑区,蚕神便是人们的精神寄托,蚕神有很多种,"蚕花娘娘"就是其中一位,当地人对蚕神有着隆重的祭拜仪式。每年蚕农们要到寺庙烧香拜佛,祭拜蚕神。德清县新市镇每年清明节时会举办蚕花庙会,旧时那天由各村选出的少女装扮成"蚕花娘娘"在新市大街上游行,沿途向大家撒蚕花,同时还有地方特色的腰鼓队、唢呐队、武术队、舞龙舞狮队,镇上人山人海,热闹非凡。晚上则有各种造型特异的花灯组成蚕花灯会。

新市镇有一种点心叫"茧山圆子",是把形似蚕茧由米粉制作的圆子堆成山而成,有青白两种,青茧山圆子代表桑叶,白茧山圆子代表蚕茧。每年冬至时节,人们便会用茧山圆子来供奉蚕神。在每年蚕花娘娘的生日,农历十二月十二,人们会在茧山圆子里掺入蒸烂的南瓜变成金灿灿的"南瓜茧圆"。人们以此祈求蚕花娘娘恩赐,明年的蚕茧可以大丰收,同时金黄的圆子也象征着黄金满仓。

德清养蚕地区,除夕夜,小孩子们一般会拿着灯笼,在窗前村后唱着童谣"呼蚕花",歌词大致为"喔!嗦罗罗!咩咩吗吗!蚕花落佃扁里来,白米落伢田里来，搭个蚕花娘子一道来。落伢屯里千万斤，落伢蚕花廿四分，东一村，西一村，烧香念佛看戏文，东也宁，西也宁，风调雨顺享太平"。人们希望通过唱歌的形式招来蚕花娘娘，保佑家里来年蚕花丰收，祈祷家里平安喜乐。

在婚俗中，德清县新市镇养蚕农户的嫁妆是非常独特的。老人们会精挑细选一对长得"相貌堂堂"，体格健壮的鸡，也叫"蚕花鸡"，送给女子作为嫁妆。在新婚房里准备好叠得如山高的蚕丝被作为喜被，这些蚕丝被在制作的过程中也是颇为讲究的，每一条被子的丝绵上都会缠上染了红色的绵绡，这代表了长辈对新婚夫妻的美好祝福，同时也代表蚕农们对蚕茧丰收的美好期愿。当新娘进男家门，拜完天地之后，男方的兄弟要向四周撒一些硬币，在场参加婚礼的人们会抢着拾取，俗称"撒蚕花铜钿"。在新娘新郎入婚房前，老人们还要为新人们点上特制的"蚕花蜡烛"，红烛高照以求祥瑞和蚕花茂盛。新娘出嫁时，娘家会准备一大箱衣服裙子等服装首饰，而在回门前，新娘要将这陪嫁来的装衣服的箱子钥匙交给婆婆，由夫家女性长辈陪着打开箱子，再清点衣裙等陪嫁物，俗称"点蚕花"。在丧礼中，与死者关系最近的亲人要将死者裹进一条薄丝被里面，俗称"扯蚕花挨子"，而死者的手里，要放进一颗茧子。人们相信蚕宝宝"破茧成蝶"，类似死而复生的生长规律是有神秘启示的，所以用蚕丝覆盖并且包裹死者，也就是代表祝愿死者像蚕那样可以死而复生。

德清蚕区农民以祭拜蚕神为核心，进行着各种各样的蚕桑活动，同时这种蚕桑文化也渗透到人们的衣食住行，婚嫁丧葬。总而言之，蚕桑习俗深深影响着德清人的社会生活与人际关系。所有这些习俗对研究浙江的蚕桑文化具有重要价值和意义。

二、新市庙会的传承与发展现状

新市庙会主要指的是在新市古镇举办的蚕花庙会。自古以来，德清养蚕区的人们主要以养蚕缫丝为生，所以蚕农为祈求蚕茧收成好，会有在养蚕之时，即清明节时期，祭拜"蚕花娘娘"的习俗。这天新市镇的人们都会到古刹觉海寺、司前街、寺前弄、胭脂弄、北街一带，参加各种活动，久而久之便有了祭祀蚕神的蚕花庙会。

（一）新市庙会的历史渊源

新市镇位于德清县东部，杭嘉湖平原腹地，京杭大运河穿镇而过，是江南七大古镇之一，北宋时正式立镇，已有一千多年历史，是名副其实的千年古镇，是德清县副中心城市，中国历史文化名镇。其东面 30 千米是乌镇和西塘，北面 30 千米外有南浔与周庄、同里。现新市镇包括原新市镇、高林乡、梅林乡、新联乡和士林乡，四乡在 1992 年合并为一镇。本文论述的新市庙会常年在新市古镇举行，即指原新市镇镇区。《仙谭文献》一书中有写到："按镇之为状，倚而不正，以东西较南北则有余，以南北较东西则不足，由南北纳于三里之内，由东之西赢于三里之外"根据该描述可以计算出明清时的新市古镇面积大约是 2 平方千米。如今的新市古镇面积为 3 平方千米，而新市镇的总面积有 92 平方千米，截至 2019 年人口有 8.9 万人。根据政府相关数据可知 2010 年，新市完成工农业总产值 205.2 亿元，其中，工业总产值 201 亿元，农业总产值 4.2 亿元，农民人均纯收入 13 389 元，城镇居民人均可支配收入 27 903 元。新市镇的特色产业主要是粮油食品、新型建材、轻纺服饰、特色机电和医药化工等五大传统支柱产业，近几年政府大力引进和培育机械制造、电子信息和新能源等新兴产业，2019 年正式设立德清经济开发区新市园区，2020 年完成财政总收入 10 亿元，城镇、农村居民人均可支配收入分别增长 7% 和 7.5%。新市政府全力推进"双进双产"项目，2020 年完成固定资产投资 24 亿元。

新市有很多世家大族，具有代表性的有三大世族，沈氏、胡氏和陈氏，他们自明清以来就居住在新市古镇，有祖产、家谱、祠堂等宗族要素。他们在地方的公益事业和乡邦文献的编写传承上有巨大的贡献。同时新市有着自己独特的民俗文化，如祭灶神，每年农历十二月二十三日，每家每户都要搞卫生，扫除尘灰，白天用赤豆糯米饭、冬青、柏叶祭拜灶神，晚上则会吃赤豆糯米饭；寒食节（清明节在新市的称呼），人们会去寺庙烧香祈福，看社戏，戴柳帽，轧蚕花，晚上还可以看免费的京剧。其中最热闹最盛大，新市的标志性文化要数新市蚕花庙会。

新市蚕花庙会源自春秋战国时期，历唐、五代、宋而盛于明清。根据相关文献记载，在清朝康熙时期就有文人记载了当年新市庙会的盛况，如新市新塘诗人徐以泰在《绿杉野屋集》中记载道：

小市寒泉九井深，踏春人礼木观音。

状元桥外飞花急，一片斜阳在竹阴。

舞龙扮煞古风淳，素袖青衣紫幞巾。

节到清明齐作社，夕阳箫鼓祭蚕神。

由此可知在清代早期新市蚕花庙会就已经初具规模，期间还有各种的蚕俗活动，祭蚕花、剪蚕花、赐（卖）蚕花、请（买）蚕花、佩蚕花、戴蚕花、轧蚕花、摸蚕花、供蚕花、呼蚕花等。

关于新市庙会的历史渊源，民间一直流传着两种说法：一种是根据史料记载，在东晋年间，公元233年，大将军朱泗在战场上奋勇抗敌，为国捐躯，因此晋明帝追赠朱泗为"镇国大巧若拙将军"。之后朱泗故乡同镇的人为了纪念这位英雄，在永灵庙内造了他的神像祭拜供奉，并规定每年农历四月十四全镇张灯三日来奠祀他。南宋时，则演变为每年清明节时抬着包括朱泗在内的四个神像上街巡游，人们希望他们能保全镇平安。慢慢地，除了巡游有了其他更多的娱乐项目，越来越热闹，逐渐形成如今的新市庙会。另一种说法是源自一个传说故事，相传在春秋战国时期，越国范蠡送美女西施去姑苏，途经新市时，恰巧遇到十二位美丽可爱的蚕桑姑娘在桥前欢乐的跳舞，西施看着她们十分欢喜，便将手中花篮里的花赠予她们，祝愿她们生活幸福美好，一帆风顺，今年的蚕桑大丰收。此后，西施赠蚕桑女鲜花的故事就在新市地区流传开来。蚕农们为纪念西施，于是在每年清明节时举办盛大的蚕花庙会。从蚕桑文化的角度看，西施赠花的传说与庙会的关联度更高，也更利于人们的理解与记忆，流传度要高一些。

（二）新市庙会的主要内容

旧时新市庙会的举办点在觉海寺，自唐宪宗元和十年（公元815年），创建大唐兴善寺（北宋时改名觉海寺），新市蚕花庙会就每年在觉海寺举办，但是当时为民间百姓自发组织的，时间是清明前后。每年举办庙会时，大量的人们从附近的乡镇蜂拥到觉海寺、司前街、胭脂弄、寺前弄、西庙前、北街一带，许多民间艺人还会在迎圣桥、市河两边摆卖自制五颜六色的蚕花，故名"蚕花庙会"。去赶庙会的养蚕姑娘和大婶们也会用五色的彩纸或绫绢剪成蝴蝶状戴在头上，有些人甚至会怀揣着将要孵化的蚕宝宝，大街上人们摩肩接踵，你拥我轧，因此蚕花庙会也称"轧蚕花"。根据民国《德清县志》记载，一直到民国，因为庙会时期人数过多，所以将游人分流到附近的刘王庙、东岳庙、永灵西庙等地。

蚕花庙会蚕农祭祀崇拜蚕神的产物，在旧时的蚕花庙会上，大致有四类的活动：一是祭祀蚕神活动。蚕农到觉海寺等附近的寺庙上香祈福保平安，祭拜蚕神祈求蚕茧丰收；二是蚕桑行业技术交流活动，庙会时几乎所有的蚕农都会集聚在这里，也包括那些种桑养蚕技术很好的行家，大家可以交流种植桑树、养殖蚕宝宝的经验，帮助那些有困难的蚕农，例如旧时蚕农在每朵蚕花里都会附有种桑养蚕知识小纸条；三是买卖小商品的集市，因为庙会人流量大，所以会有来自全国各地的小商小贩在街上或者寺庙附近摆摊，商品以农耕工具、食品、衣服、手工小玩具、首饰等日常生活用品为主，逐渐庙会便也成为了人们采购物资的市场，附近各个村的手艺人会在庙会上表演自己的拿手绝活，吸引客人，例如赛蚕事、武术、捏泥人等；四是供农民们休闲娱乐。俗话说一年之计在于春，春天农村的农民们都忙着农事，蚕农们养蚕更是辛劳没有时间休闲娱乐，而蚕花庙会主要在清明农闲时节，农民们可以借此放松休息一下。每年蚕花庙会，来自五湖四海的戏班会在刘王庙、永灵东庙、永灵西庙、东岳行祠等地连续演戏好几天，还有各种杂技魔术等西洋表演。蚕花庙会也像七夕节一样是很多青年男女一见钟情的地方，新市民间曾流传一首蚕花庙会上男女之情的民歌："清明天气暖洋洋，桃红柳绿好风光，姑嫂双双上街去，胭脂花粉俏梳妆，红绿蚕花头上插，香水洒得扑鼻香，觉海寺里真闹猛，男女老少似海洋，邻村阿哥早等待，一见阿妹挤身旁，一把大腿偷偷捏，姑娘脸红薄嗔郎"。

（三）新市庙会的传承和保护现状

1937 年日寇侵华，新市蚕花庙会也因此停办。新中国成立后的 1946 年至 1948 年恢复。解放后，庙会又停办。随着解放后电影《蚕花姑娘》在新市开拍，"轧蚕花"这一古老的民间习俗又开始在中国活跃起来。1993 年觉海禅寺恢复佛教活动，中断四十多年的新市蚕花庙会终于又开始举办，不过还是民间百姓们自发组织的。1999 年清明，新市镇人民政府发起第一届由政府牵头新市商贸旅游公司承办的新市蚕花庙会，庙会游行队伍由舞龙队、蚕花娘娘花轿、腰鼓队等组成，在新市主要街道环游。一时之间新市人们都开始激动沸腾起来，四乡农民都涌入新市古镇，参观人数达四万人左右。2000年清明，新市镇举办了第二届蚕花庙会，德清县的钟管镇、下舍镇、士林镇等乡镇纷纷选拔出自己的"蚕花娘娘"，组织蚕花娘娘巡游队伍参加了这次的蚕花庙会，参观者达十万人左右。截至2021年，新市蚕花庙会已成功举办23届。

新市政府每年举办一场规模盛大的蚕花庙会是非常不容易的，但二十多年来，新市蚕花庙会已成为本地一个盛大的民间庆典活动。百姓们每年都翘首以盼。新市镇的基层干部好好组织操办，为人民服务，让百姓休闲享受，好好欢乐一下。同时，每年的庙会都会有几十家媒体来采访报道，通过这种方式，新市古镇在不断扩大对外的知名度，每年吸引的投资也在不断增加。所以举办蚕花庙会对于新市政府来说也是一举两得的事。2021年4月2日，德清县新市镇举办第23届蚕花庙会，据统计，仅开幕式和民俗展示巡游，就吸引了4万余人现场观看，外来游客1万余人，在线观看人数达50余万人次。记者在现场采访了哈萨克斯坦留学生索菲亚，索菲亚来到湖州已经4年时间，其间对中国传统民俗产生浓厚兴趣，她对记者说道："一直听说湖州是'丝绸之府，鱼米之乡'，今天的蚕花庙会让我感受到了中国人的勤劳和智慧，还有中国传统文化的魅力。"蚕花庙会正向世界展示着中国传统蚕桑文化的魅力。

让人遗憾的是很多蚕花庙会上传统的蚕文化民俗活动都已经失传，仅能从少数老者口中得到他们记忆中残存的一些东西。如今蚕花庙会很多活动是资本赞助的现代化的商品交易大会。"今年蚕花娘娘都很漂亮，可惜不是民间选出来的。"围观人群中总是会传出这样的声音，以前蚕花娘娘是各个养蚕区的乡镇自己投票选出的，每个队伍前会有一个写着蚕桑乡镇的牌子，彰显着让观众们知道这么漂亮的花轿，蚕花娘娘和巡游队伍是来自我们村的那种骄傲自豪感。如今巡游队伍领队的牌子更多的是商家的名字，许多村的村民们已经没有财力或经历再来办这样大型的巡游花车队伍了。"文化搭台，经济唱戏"已成为新市地方政府的流行做法。

当然导致蚕花庙会的民俗活动消失的因素是多方面，其中一方面是现代科学技术飞速发展，人们的生活水平提高了。众所周知很多蚕文化民俗活动是在旧时科技不发达，信息不流通的情况下，蚕农依靠经验逐渐积累形成的。现今科学技术的发展尤其是农业自然科学和生物技术的发展，使很多以前蚕农们不能解释的现象有了科学的解释。比如"蚕禁"，旧时蚕农们认为养蚕时是不能让外人进屋或出去做客的，这是对蚕神的尊敬，否则会惹怒蚕神，不吉利，导致自己的蚕宝宝大量死亡。但这一现象在当今科学研究后已经有了合理的解释，是因为幼年期的蚕非常较弱，很容易受病虫害的感染而死亡，蚕农的进进出出会增加病菌感染的风险。当人们了解自然现象背后的科学知识，文化水平不断地提高，对蚕神的崇拜等迷信行为就会减少，因这衍生出的民间习俗也随之逐渐淡化掉。

另一方面随着新市镇社会经济的发展，种桑养蚕的经济效益远不如外出打工、从商、养殖等行业，村民姬琦家曾经也是养蚕的，但当他们发现养鱼挣得钱更多的时候，果断放弃了已从事十多年的产业，投入到一个全新的产业，他们把自家原先种植桑树的田地挖成鱼塘，从此开始养殖鱼。类似状况从一个村到一个镇，种桑养蚕的家庭逐渐减少。还有一个重要因素则是养蚕非常辛苦，特别是蚕宝宝结茧时，蚕农们甚至要熬夜，一天只睡三四个小时。现在当家的只要是 90 后，他们大多是家里的独生子女，从小是被宠着长大的，生活水平都高，怎还会去吃这样的苦头，自然放弃了蚕桑业。现今的年轻人更不愿从事农业养蚕，所以目前新市养蚕的大都是年龄偏大的人，人数更是少之又少。养蚕农民逐渐减少的想象也就导致了蚕文化发展空间的萎缩，养蚕过程中的蚕文化民俗活动参与的人越来越少，民俗活动就渐渐失传了。

原汁原味的传统风俗是如此美好，但似乎只是在我们记忆中流传。随着时代的变迁，蚕花庙会不断增添新的内容，从最初的祭祀蚕神，到蚕花娘娘花车巡游、寺前轧蚕花、蚕农赛蚕事、百姓听社戏等活动，发展到如今的科技化蚕桑，蚕桑经贸洽谈会与新市古镇新发展。

三、扫蚕花地的传承与发展现状

扫蚕花地是源于德清县东中部蚕桑地区的一种歌舞形式，是在当地蚕桑生产和民俗活动中逐渐形成的。在清末至 20 世纪 50 年代初，扫蚕花地发展到了最高潮，活动演出还到了湖州、嘉兴、桐乡、吴兴、海宁、余杭等杭、嘉、湖、沪地区。由于它具有鲜明的地方特色，广泛的传播，成为杭嘉湖地区最重要的蚕桑文化习俗之一。

（一）扫蚕花地的历史渊源

《中华舞蹈志》中对"扫蚕花地"的注释道："扫蚕花地是流传在浙江杭

嘉湖地区蚕桑生产农村的民间小歌舞。起源于湖州德清县，清末年间至20世纪50年代最为繁荣。"沪地区。关于"扫蚕花地"的形成时间，还没有明确的定论，表演该歌舞的老艺人们说有一百多年的历史。从历代有关蚕桑的文献资料看，清康熙《德清县志》记载道："清明时会社颇盛"。清嘉庆《德清县志》记载到："乾隆四十八年修先蚕祠，五十九年钦奉谕旨载入祀典"。道光年间《湖州府志》中则记载道：文人董蠡舟、沈炳震创作的《蚕桑乐府》中有"浴蚕""扩种"等歌词都是关于养蚕生产的。这些文献的文字记载充分证明祀蚕活动在清朝已经非常普遍，同时也衍生出反映蚕桑活动、生产活动、表达蚕农丰收心愿的歌舞表演，扫蚕花地的历史至少有一百多年，和老艺人们的说法一致。

扫残花的起源与祭祀蚕神有关，蚕农以养蚕为生，敬蚕爱蚕，为了更大的收入，祈愿能够得到蚕神的护佑，逐渐形成一个蚕桑文化体系，如前文所讲。老百姓的生活中处处有蚕桑文化的足迹。清明节踏青叫"轧蚕花"，演与蚕有关的戏文叫"蚕花戏"，因此表演与种桑养蚕有关的歌舞叫"扫蚕花地"。不过最早"扫蚕花地"是指新婚第二天早晨，新娘要在喜娘的陪同下扫地，或者是指农历正月初一早上扫地。那时候人们把垃圾由外往里扫，是希望把蚕花扫进来，今年能有更好的收成。

（二）扫蚕花地的主要内容

德清的蚕桑民俗有很多，比如讨蚕花、抢蚕花、串蚕花等等，其中扫蚕花地是最具民间艺术特色的。扫蚕花地载歌载舞的形式最吸引人，令人过目不忘。原始的扫蚕花地是从傩舞演变而来，舞蹈动作大都来源于江南妇女采桑养蚕劳动时的动作。其歌曲，音调古朴，旋律优美，有着江南地区民歌特有的婉转悠扬。其服饰，道具都具有浓厚的蚕桑文化。

扫蚕花地的歌谣与台本在旧时版本颇多，并且富有浓厚的生活气息，幽默风趣，每一首蚕花歌谣都独具特色。例如歌谣《杨扫佬扫蚕花》：

> 蹊跷蹊跷真蹊跷，今年来了杨扫佬。
> 各州各府都要扫，家家户户都扫到。
> 扫过东，看见两对好蛟龙。
> 金龙盘米房，银龙盘床铺。

黑龙盘油缸，白龙盘水缸。

一年四季吃勿光。

扫上南，金银姑娘来看蚕。

掸的蚕三寸长，做的茧子石骨硬。

蚕茧东西两箪装，

金姑娘东边下茧噗噗响，

银姑娘西边做丝飒飒响。

粗丝要做几千两。

细丝要做几千两。

扫落北，当家人家要造屋。

前三厅，后三厅，

三三得九厅，二九十八厅。

东边造成绣花厅，

西边念佛阿娘厅，

南边造起倌倌读书厅，

北边造走起大小生活厅，

当中造间小客厅。

四喜红，五金魁，

六六顺，七来巧，

吃酒划拳闹盈盈。

台本《扫蚕花地》：

三月（台格拉）天（哎）气腰洋洋（哎吭），

家家（台格拉）焐（闻）种搭蚕棚（呼哎吭哎吭哎吭哎吭）。

要州（台格拉）搭（线）在高厅上（哎吭），

袋窗纸糊（啊）得泛红光（呀哎吭哎吭哎吭哎吭）。

蚕花（台格拉）娘（哎）娘两边立（哎吭），

聚宝盆一只贴中央（呀哎吭哎吭哎吭）。

蚕仔（台格拉）养在蚕匾内（哎吭），

乌儿（台格拉）出得密密麻（呀哎吭哎吭哎吭）。

手拿（台格拉）秤杆来挑种（哎吭），

轻轻（台格拉）鹅毛掸龙蚕（呀哎吭哎吭哎吭）。

龙蚕（台格拉）落筐忙灼火（哎吭），

下面（台格拉）灼火暖洋洋（呀哎吭哎吭哎吭）。

快刀（台格拉）切叶铜丝绕（哎吭），

轻轻（台格拉）拿叶喂龙蚕（呀哎吭哎吭哎吭）。

三日（台格拉）三夜头眠郎（哎吭），

两日（台格拉）两夜二眠郎（呀哎吭哎吭哎吭）。

菜籽（台格拉）刹花蚕出火（哎吭），

楝树（台格拉）花开做大眠（呀哎吭哎吭哎吭）。

上年（台格拉）大眠做勿出（哎吭），

今年筐筐要做几百两（呀哎吭哎吭哎吭）。

大眠（台格拉）开桑一昼时（哎吭），

吩咐（台格拉）龙蚕要过颡（呀哎吭哎吭哎吭）。

蚕凳（台格拉）跳板密密麻（哎吭），

龙蚕（台格拉）摆着下地棚（呀哎吭哎吭哎吭）。

采桑（台格拉）摘叶忙忙碌（哎吭），

大担（台格拉）小担转家乡（呀哎吭哎吭哎吭）。

拿起（台格拉）叶箪喂龙蚕（哎吭），

抛叶（台格拉）掸叶喂龙蚕（呀哎吭哎吭哎吭）。

大眠（台格拉）放叶四昼时（哎吭），

丝头（台格拉）袅袅上山棚（呀哎吭哎吭哎吭）。

高搭（台格拉）山棚齐胸脯（哎吭），

蚕芦稻草插得崭崭齐（呀哎吭哎吭哎吭）。

龙蚕（台格拉）捉在金盆里（哎吭），

吩咐（台格拉）龙蚕上山去（呀哎吭哎吭哎吭）。

南厅（台格拉）上去三眠子（哎吭），

北厅（台格拉）上去四眠子（呀哎吭哎吭哎吭）。

东厅（台格拉）上去多丝种（哎吭），

西厅（台格拉）上去玉龙蚕（呀哎吭哎吭哎吭）。

东家娘娘四房蚕花无上处（哎吭），

上伊（台格拉）穿堂两过路（呀哎阮哎阮哎阮）。

龙蚕（台格拉）上山忙灼火（哎阮），

四厅（台格拉）灼火爱洋（呀哎阮哎阮哎阮）。

龙蚕（台格拉）上山三昼时（哎阮），

推开（台格拉）山榻看分明（呀哎阮哎阮哎阮）。

大的（台格拉）帽顶半斤重（哎阮），

小的（台格拉）帽顶近四两（呀哎阮哎阮哎阮）。

上年（台格拉）茧子落勿出（哎阮），

今年（台格拉）篁篁（台格拉）要称几百两（呀哎阮哎阮哎阮）。

东家（台格拉）老板真客气（哎阮），

挽起（台格拉）篮子走街坊（呀哎阮哎阮哎阮）。

买鱼（台格拉）买肉买荤腥（哎阮），

东南（台格拉）西北唤丝娘（呀哎阮哎阮哎阮）。

三十六部丝车两逮装（哎阮），

当中（台格拉）出条小弄堂（呀哎阮哎阮哎阮）。

小小（台格拉）弄堂做啥用（哎阮），

东家（台格拉）娘娘送茶汤（呀哎阮哎阮哎阮）。

脚路（台格拉）丝车咕咕响（哎阮），

绕绕丝头甩在响圆上（呀哎阮哎阮哎阮）。

做丝（台格拉）娘娘手段高（哎阮），

车车（台格拉）敲脱一百两（呀哎阮哎阮哎阮）。

粗丝（台格拉）卖到杭州府（哎阮），

细丝（台格拉）卖到广东省（呀哎阮哎阮哎阮）。

卖丝（台格拉）洋钿无万数（哎阮），

扯了（台格拉）大木造房廊（呀哎阮哎阮哎阮）。

姐姐（台格拉）造了绣花楼（哎阮），

官官（台格拉）造了读书房（呀哎阮哎阮哎阮）。

扫地要扫羊棚头，

养（格）羊来像马头（呀哎阮哎阮哎阮）。

扫地扫到猪棚头，

养（格）猪猡像黄牛（呀哎阮哎阮哎阮）。

今年蚕花扫得好，

明年保那三十六（呀哎吭哎吭哎吭）。

高高蚕花接了去，

亲亲眷眷都要好（呀哎吭哎吭哎吭）。

年年扫好蚕花地，

代代子孙节节高（呀哎吭哎吭哎吭）。

无论是歌谣还是台本都是德清民间艺人认真辛劳地挖掘整理出来的，他们还在演出中不断完善与提高，也正是因此，这些歌谣与台本才能流传至今。

扫蚕花地的音乐既有江南传统民间音乐的旋律特点，也独具特色。根据扫蚕花地从民间老艺人杨按天（1913—1984 年）的师傅福因（生于 19 世纪末）和周金因（1902 年生）等人的口述资料，由他们表演的扫蚕花地其唱腔与曲调均带有较浓重的地方戏曲痕迹。伴奏音乐以打击乐为主。伴奏乐器最开始只有小鼓、小锣，后来在舞台演出时，逐渐加入了二胡、笛子、琵琶等传统的江南丝竹民族乐器。扫蚕花地代表性的曲调有八种，如果根据应用的场景和歌词内容不同可以分为叙述性、抒情性、欢快三种曲调。代表性音乐歌曲曲谱有《扫蚕花地》，总共有六小段，每段的曲谱都是不同的传授人和记谱人，如第一段曲谱由童金荣传授，徐亚乐记谱；第三段曲谱由周金因传授，何穗芳记谱。旋律婉转悠扬，歌词简单直白，但富有浓厚的生活气息，描绘了蚕农朴素的生活场景，其中某些形容词和叹词的运用使整首歌曲更加地幽默风趣。

扫蚕花地的舞蹈具有江南女子的风韵，其基本动作如果用一个字来归纳为"端"。表演者走步、舞蹈时含胸提气，轻轻"端"起腰，不随便扭动，这里的"端"比通常收腹提气的"提"力度要小些，这样可以更好地展现舞蹈的端庄轻柔。以"端"字为主要特色的动律，舞起来"稳而不沉，轻而不飘"，增强了舞蹈的优美性、观赏性，同时地表现了江南水乡蚕花娘子的端庄、细腻、轻巧的性格。另外，舞蹈的道具、服装都有蚕桑文化的特点：道具小蚕匾（竹篾制成，直径 45 厘米，周沿糊彩纸碎，系红纸蚕花）和头饰白鹅毛，均是蚕乡地区特有的生产工具。传统的扫蚕花地的造型为蚕妇头插一朵桃红色蚕花，后梳发髻，发髻左侧插一根白鹅毛，长约 20 厘米。穿红色大襟上衣和红褶裙。

扫蚕花地的表演时间大都在春节期间和清明前后，表演场合主要有两种：一种是乡、村举行的马鸣王菩萨庙会、新市蚕花庙会等与蚕桑文化有关的大型活动上；另一种是每年清明节在蚕农家中。

扫蚕花地表演在庙会巡行队伍中很突出，较引人注目，一般是小歌舞的压轴节目。它的表演方式也是多种多样的，如在马鸣王菩萨庙会上，唱马鸣王，一般是一个男子，肩挑箩筐，前面箩上盖块木板，上面有一尊马鸣王菩萨，一对红烛和一只小香炉。演员只唱不跳，手拿小锣敲过门，歌词内容主要是描述蚕农养蚕的生产过程。演唱者们在春季还会到各村巡游演出，村民们可以随意施舍。

扫蚕花地更多的还是出现在蚕农家里，每年寒食清明，蚕区的人们会清理打扫自家的蚕房，将蚕房里的尘埃和垃圾打扫干净，准备关蚕房门，进入"蚕禁"，开始一年的蚕桑生产。这时蚕农就会请民间演唱艺人在蚕房表演扫蚕花地，以消除灾难晦气，蚕宝宝能够健康成长，祈求今年蚕桑生产一帆风顺和可以大丰收。表演完后还要在门上或窗上贴上聚宝盆等剪纸，才能关蚕房门。表演扫蚕花地是这一系列蚕桑生产习俗仪式中重要的一环。所以在该场景下表演的扫蚕花地，唱词内容主要为描绘蚕农种桑养蚕生产劳动的场景和祝愿蚕宝宝健康成长，蚕茧大丰收。一般由一个女性表演者来唱词跳舞，另有一个敲小锣小鼓伴奏。表演者的服装造型则要求头戴"蚕花"，身穿红裙红袄，开始表演登场时要高举铺着红绸的蚕匾，这一场景象征着蚕花娘娘给这户蚕农送来吉祥的蚕花。随后表演者便开始载歌载舞，舞蹈动作多为"糊窗""采桑""喂蚕""扫地""煽火""缫丝"等各种模仿蚕桑生产时的劳动动作。全舞共三十八段歌词，每段都会有锣鼓过门的伴奏，而在该音乐下表演者都要表演"扫地"的舞蹈动作，作为段与段的衔接。扫蚕花地整个表演的最后，是庆贺蚕茧丰收的场景，这时表演者要高举蚕匾，主人家的蚕花娘子接过蚕匾，整段表演在高潮中结束。

当然除了以上两种，还有各种场景下的不同表演形式的扫蚕花地。如：杨扫地，原本是指一位男性，身背大布袋，手拿小扫帚，在农户家门口乞讨卖艺的表演方式，歌词多为"恭喜发财，元宝滚滚来"等讨农户开心的吉祥话。后来有德清民间艺人把蚕桑丰收的内容融合到了杨扫地的曲子中，渐渐形成了杨扫地这一扫蚕花地的表演形式。甚至还有男子双人扫蚕花地，又称"摇钱树"。有两人共同完成演出，一人主要负责表演唱词跳舞，一人负责敲锣与鼓伴奏。表演者通常左手拿"摇钱树","摇钱树"用一根柏树枝做成，其上挂着用红绿丝线编结起来的铜钱串，跳舞时铜钱叮当作响，声音清脆悦耳。他的右手拿扫帚，主要舞蹈动作为左手摇一下"摇钱树"，右手扫一下扫帚。同时表演者和伴奏者两人都要双脚左、右交叉上步，二人走"∞"字队形。

总而言之，扫蚕花地的音乐舞蹈具有浓厚的江南特点，有着蚕桑生产地区鲜明的地域独特艺术风格，其舞台表演源于生活而高于生活，具有较高的艺术性，是研究杭嘉湖地区蚕桑文化音乐舞蹈的一份珍贵的民间文化资料。

（三）扫蚕花地的传承和保护现状

旧时扫蚕花地在德清县地区非常繁荣，所以会表演扫蚕花地的民间艺人主要集中在德清。20世纪60年代初，德清县文化馆组织人员对全县的民间艺术进行分类普查调研，发现德清县的扫蚕花地有7种不同的曲调，四种表演风格，知名表演艺人有二十多位。根据调查扫蚕花地的传承人比较少，在20世纪七八十年代，有名字的民间艺人只有杨筱天、杨筱楼、周金因、郁云福张林高、邱玉堂、沈金娥、娄金连等。到21世纪10年代，仅娄金连在世。上述民间艺人中，杨筱天的成就最高，声望最大。

杨筱天（1913—1984年）原名杨桂芝，乳名阿大，德清县钟管镇干山塍头村杨家墩人，成名绝活是《蚕花谣》（原名《扫蚕花地》）。在她年仅十二岁时便被家人送给他人做童养媳，但她屈服于不公的命运安排，偷偷学唱扫蚕花地，凭借自己的聪明才智逃离那里，从此卖艺为生。1927年，杨桂芝加入"正古社"，拜沈阿广为师，学习琴书三年，她以唱书为主，对扫蚕花地舞蹈学习较少。1937年，杨桂芝和"民俗社"演员杨筱楼相恋并成婚，因她对丈夫的爱慕，就将自己的名字改为杨筱天，并加入剧团，饰演花旦。此后，夫妻俩经常同台演出，共同切磋技艺，舞台表演越来越来完美。杨筱天演的扫蚕花地，在音乐上融合了杨扫地曲调风格，改善和丰富了歌曲的旋律性，并在原来只有小锣鼓的伴奏乐器上添加了二胡、笛子等多种民族乐器，增强了乐曲的表现力和南方传统民歌的地方色彩。杨筱天的舞蹈动作细腻传神，其身法自成一派，唱腔优美圆润，将扫蚕花地进一步推向繁荣，成为杭嘉湖蚕乡代表性的节目。新中国成立后，杨筱天加入县曲艺团，时常表演示范扫蚕花地，并传授给农村业余文艺骨干。杨筱天一直致力于发扬扫蚕花地，为它付出了一生的时间，因此杭嘉湖地区的蚕农们特别爱戴她，还亲切地称呼其"阿大"。一直到她去世前，仍担任县曲艺协会副主席、县曲艺团艺术指导之职。

娄金连是杨筱天的徒弟，生于1942年，是德清县钟管镇东舍墩的一名女扫蚕花地艺人。十五岁时，一次偶遇，杨筱天一眼相中了娄金连的悟性，她便拜杨筱天为师学习扫蚕花地表演，在文化馆一学就是半月。杨筱天还将自己的拿手绝活《蚕花谣》教给了娄金连，师徒俩感情很好，娄金连非常喜欢唱扫蚕花地，又因为她从小生活在农村，身边都是种桑养蚕之人，因此她熟知养蚕技艺和习俗，而且深受德清民间山歌小调的熏陶，演唱的曲调充分融合民间小调的韵腔和音调，委婉细腻，与师父杨筱天也不是非常相似，独具地方和个人特色。她的舞蹈动作更加地朴实直白，表演却十分含蓄，这种反差感让她的表演更富有魅力。每年春季养蚕前夕，娄金连常被农民邀请至家中蚕房或场地上表演扫蚕花地，送去"蚕花廿四分"的祝福。"文化大革命"期间因为大环境的原因，所有表演被迫停止。1985年，娄金连向徐亚乐老师学习整套扫蚕花地表演的舞蹈动作。从此她又开始活跃在各乡村表演扫蚕花地，还会教村民表演演唱扫蚕花地。2008年娄金连被省文化厅评为浙江省非物质文化遗产项目代表性传承人。2009年她收儿媳妇王学芬为徒，手把手地教授扫蚕花地演唱技艺以及传统的蚕桑习俗。娄金连不仅精通扫蚕花地表演，还熟知掌握各种养蚕技巧，是浙江省非物质文化遗产名录《传统蚕桑生产习俗》中的重要传承人之一。2011年4月娄金连受邀在新市蚕花庙会上表演扫蚕花地和抛撒蚕花，顿时引起一片轰动。

扫蚕花地的艺人传承谱系比较小，截至2014年一共才五代，第一代是潘正法夫妇，第二代是福囡，第三代是杨筱天，第四代是娄金连和徐亚乐，第五代是王学芬、杨佳英和何玲钰。

根据调研，娄金连是目前德清唯一能够完整演唱表演《蚕花谣》的艺人，娄金莲也因此成了《蚕花谣》的代名词。每次采访聊天一说起《蚕花谣》，娄金莲兴致就会特别高。娄金莲曾说，20世纪五六十年代，一有《蚕花谣》，男男女女、老老少少都赶着凑热闹，如同今天的"追星族"。自己岁数大了，最大的心愿就是有人能把《蚕花谣》继续接唱下去。有没有把蚕花谣传承下去？这是娄金连最担心的问题，如今扫蚕花地的传承确实是陷入困境。其儿媳妇王学芬在接受参访时，被问到这一问题，随手递上一张印着"下渚湖风景区红灯笼土菜馆经理"的名片，她说："前些年一家人搬到镇上来，也停止了全家世代为生的养蚕历史。妈妈唱蚕花谣成了文艺表演。我也不学这个了，没有用处。"如今扫蚕花地的局面和前文所讲的蚕花庙会一样，绝大部分农民就认为养蚕不如打工，表演扫蚕花地更是赚不了钱。

从政府层面看，新中国成立后，政府就一直非常重视扫蚕花地的传承。1958 年，根据民间歌舞"扫蚕花地"改编的"蚕桑舞"被拍成纪录片《德清蚕桑》。"扫蚕花地"在德清当地政府的支持下长期并存于广大乡间和艺术舞台。唯一有曲折的地方便是文化大革命期间，"扫蚕花地"一度被视为"封资修"，所以遭禁演。近年来，德清县对"扫蚕花地"采取了积极的保护措施，将扫蚕花地传承与保护工作有效地列入当地政府和文化管理机构日常工作范畴，设立遗产管理中心，建立民间自发参与和政府自觉保护相结合的新机制，作为扫蚕花地长期传承保护的基本保障。政府还出台了有关保护条例，维护传承人的权益。主要有五个方面：

① 扫蚕花地传承人的保护方面，国家对传承人的专项拨款数额逐年增加；② 扫蚕花地物化形式的档案资料及数据库的保存方面，为此政府专门成立专家小组，进一步扩大普查的范围和力度，完善档案数据库，并配专人管理；③ 有关蚕桑习俗书籍的出版发行方面；④ 扫蚕花地的宣传、教育与展示方面，政府将近年来的扫蚕花地相关成果进行巡回展览，并成立传承基地，开展有关扫蚕花地和蚕桑民俗的研讨会；⑤ 扫蚕花地艺术化道路的开拓方面，把扫蚕花地列入学校关于本土文化的教育，培养群众特别是青少年对扫蚕花地的喜爱。

德清县政府相关政策的实施已经取得巨大成果。2004 年，"扫蚕花地"入选浙江省首批民族民间艺术重点保护项目，2005 年，被列入浙江省第二批非物质文化遗产名录。2007 年 5 月，浙江省文化厅建议扫蚕花地申报为第二批国家级非物质文化遗产代表性项目名录。2008 年被确定为第二批国家级非物质文化遗产名录。2009 年 9 月 30 日，包括扫蚕花地在内的"中国蚕桑丝织技艺"入选《人类非物质文化遗产代表作名录》。2019 年 11 月，《国家级非物质文化遗产代表性项目保护单位名单》公布，德清县文化馆获得"蚕桑习俗（扫蚕花地）"项目保护单位资格。2019 年 5 月，德清县乾元镇中心小学举行了第二届传统文化节，实验小学、二都小学、雷甸小学、上柏小学四所联盟学校的师生在活动上表演了扫蚕花地。2021 年，德清县新市镇第一幼儿园举办"喜

蚕桑丰收　庆建党百年"第二届蚕桑文化节暨庆祝建党百年活动，老师们身着红衣裙在开幕式中表演扫蚕花地的舞蹈，生动再现了扫地、糊窗、采叶、喂蚕等一系列与养蚕生产有关的动作。孩子们也都身穿带有"蚕桑"元素的服装，以及各类蚕桑小道具进行模特秀表演。

不仅如此，政府还非常重视扫蚕花地的创新。20世纪50年代，德清县文化工作者整理民间歌舞扫蚕花地素材，创作了《蚕桑丰收舞》，并参加浙江省民间音乐舞蹈调演，获优秀奖，节目编排精彩绝伦，60年代还经常在城乡舞台演出。70年代，德清县文化馆创作《蚕桑舞》，并参加嘉兴地区文艺调演，获创作表演一等奖。80年代，文化馆创作舞蹈《桑园情》参加浙江省第二届音乐舞蹈节，获创作二等奖、表演三等奖。90年代，文化馆创作舞蹈《蚕娘》《桑丫头》，分别参加浙江省和湖州市第三届音乐舞蹈节，获优秀创作奖和优秀表演奖。2001年，文化馆创作大型广场民间灯彩舞《叶球灯》，获浙江省第一届广场民间灯彩舞大赛金奖。2006年，文化馆创作舞蹈《蚕花祭》，获得湖州市第二届南太湖音乐舞蹈节二等奖。

四、总结

中国上下五千年历史，有着深厚的文化底蕴，蚕桑文化是中国孕育的众多文化遗产之一，新市蚕花庙会和扫蚕花地也只是蚕桑文化的一部分。虽然渺小，但是它们也展现出中国传统文化的魅力和劳动人民的智慧。蚕桑文化最早是在蚕农生产劳动的过程中逐渐形成，蚕农以种桑养蚕为生，为了每年的蚕花丰收，家人吃饱穿暖，他们爱蚕敬蚕，祭祀蚕神，开展各种祈福和庆祝的蚕桑活动。蚕桑民俗的核心是积极向上的，是人们追求勤劳、朴实、真诚的美好象征。

与此同时，湖州蚕桑文化也正在面临严峻的考验，各种危机导致的问题层出不穷。（待补充）

第四章 湖州蚕丝织造技艺传承现状调研报告

本文主要关注湖州蚕丝织造技艺,在对湖州及所涉及的地区进行全面了解的前提下,着重以辑里湖丝和双林绫绢这两个国家级非物质文化遗产项目为个案进行深入描写,以图能够较为全面地展现出在非遗的背景之下,湖州蚕丝织造技艺的传承现状。所以本文将围绕以下几点分别展开:湖州特别是辑里和双林的地域文化背景,产业发展状况,辑里湖丝制造技艺传承与发展现状,双林绫绢织造技艺传承与发展现状这四个板块一一介绍。

一、地域文化背景

湖州是浙江省的辖地级市,位于浙江北部,浙江、江苏、安徽三省交会处,东与嘉兴接壤,南与杭州接壤,西临天目山,北临太湖,处在太湖南岸,东苕溪与西苕溪汇合处,与无锡、苏州隔太湖而相望,在环太湖五大城市中,唯一一座因太湖而得名的城市,其他城市分别为嘉兴、苏州、无锡、常州。湖州全市辖德清县,长兴县,安吉县和吴兴区、南浔区,总面积5 818平方千米,东西长度126千米,南北宽度90千米。市政府驻地仁皇山新区。

湖州地处杭嘉湖平原,地势大致由西南向东北倾斜,西部多山,紧邻天目山脉,海拔上千米的山峰有15座,其中龙王山高达1 587米,是浙北、华东长江三角洲地区的第一高峰,被称"天目第一峰"。湖州东部为平原水网区,地势较低。湖州位于亚热带季风气候区,季风显著,四季分明,雨热同季,降水充沛。

湖州，一座拥有着 2 300 多年历史的江南古城，建城始于战国，根据（同治）湖州府志 96 卷湖州府志卷三中记载，湖州最早建于战国，公元前 248 年，"申君黄歇始于此置菰城县，按旧指为春申君封"可知，春申君黄歇在此筑城，因为当地泽多菰草，所以取名为"菰城县"。（嘉泰）吴兴志 20 卷卷一"十六年改菰城县为乌程县属会稽郡县有乌亭即"后秦始皇改菰城县为乌程县。根据（雍正）浙江通志 280 卷卷二百六十二"一其改名湖州则隋仁寿二年始也当南渡六朝士"在隋仁寿二年改名为湖州，（同治）湖州府志 96 卷湖州府志卷九十六"杭嘉湖三府湖州郡名苕溪苕在余杭曷以名湖州"，正是由太湖而得名湖州。

湖州是世界丝绸文明的发祥地之一，在湖州钱山漾遗址出土的蚕丝织物，是目前发现的世界上最古老的蚕丝织物。湖州市也拥有多项非物质文化遗产，其中与蚕丝织造技艺有关的有两项，分别是辑里湖丝手工制作技艺和双林绫绢织造技艺，下面将详细介绍辑里和双林的地域文化。

（一）辑里

1. 地理地形

辑里村，又名七里村，位于浙江省湖州市南浔镇。因向南离横街，向北离南浔，向西离马腰均长七里路，故名七里村，后定名辑里村。南浔镇隶属浙江省湖州市南浔区，位于浙江省北部，湖州市东部，东北接江苏省苏州市，地处杭嘉湖平原腹地，太湖南岸，是湖州市接轨上海的东大门。辑里村四面环水，村庄内河流纵横交错分布，村民主要居住在河道周边。当地地形以平原丘陵为主，处于亚热带季风型气候，适合种植水稻和栽桑养蚕。

2. 历史沿革

辑里村宋代和元代时属乌程县移风乡，元末成村，根据（同治）湖州府志 96 卷湖州府志卷二十九记载，"江嘉禾接壤中有南浔乌镇马要淤溪诸大镇其俗"，（崇祯）乌程县志 12 卷乌程县志卷之二"南浔四十三都七里俞塔四十四都县东八十"记载，七里村明代又叫"淤溪村"，清代又叫"俞塔村"。清朝后期，"七里村"雅化为"辑里村"，最早可见于清雍正初年范颖通著作《研北居琐录》中记载的"近辑里村，水甚清，取以缫丝，光泽可爱，所谓辑里湖丝，擅名江浙也"，相传，这是当时担任相国的温体仁雅化的，因为"辑"

有缫丝之意，所以温体仁将"七"改为"辑"。明清时期的辑里村分为东村和西村，一共有数百家村民，当时的辑里湖丝已经遍及国内，辑里村所在的南浔是著名的"湖州三大丝市"之一。到了民国时期，辑里村属于湖州市吴兴县南浔镇管辖，1935年，连同孝友村、治安村、志成村、义勇村一块合并建成了辑里乡，抗日战争时期归属于练市区辑里乡，1958年成立南浔公社辑里大队，1961年属于横街公社，1983年属于横街乡。现在的辑里村由特来兜村、藏谷桥村和辑里村合并而成。总面积约3.28平方千米，共有17个自然村，21个生产队，512户农户，常住人口约1 600多人，外来人口约850人。村两委会人数5人，村党员数65人。耕地面积2 073亩。

3. 文化传统

（1）岁时节日

天贶节：每年的农历六月初六，正值夏季，阳光充足，当地俗话说"六月六，晒得鸭蛋熟"。正是曝虫晒霉的时候。宋朝称这一天是"天贶的时节"，当地在这一天要在家门前暴晒衣服，据说这样可以避免虮蛀。

端午节：辑里村在端午节有谢蚕神的习俗，又称端午谢蚕花。谢蚕神的习俗从元朝起就已经盛行。在每年农历五月初五日左右，新的蚕茧收成之后，家家户户都会购买香烛、水果，鸡鸭、纸锭等供品向蚕神行祭祀之礼，来感谢蚕神保证自己一家一年的收成，同时也犒劳一下自己的辛勤劳动，又叫"吃蚕花饭"。

中元节：每年农历的七月十五是中元节，当地俗称"七月半"。在中元节这一天，道观作斋醮荐福，佛寺行"盂兰盆会"，释道两教共举法事，民间则家家户户祭祀祖先，故又称"鬼节"。南宋后已有中元夜入河灯的风俗流行，篾编纸糊的各式花形灯笼，灯中燃烛，下托木板，或用各色彩纸糊成船形，内装少许灯草油类点燃，入夜到水边或驾小船至河中摆放，佛徒为此乃"慈航普渡"，道徒称这是"照冥引路"。

春节呼蚕花：春节是中华民族最重要的传统节日，当地人在这一天还有着呼蚕花的习俗，在除夕晚上吃过年夜饭之后，村里的小朋友会提着灯笼，排成一排，一起唱《呼蚕花》民谣，"猫啊来，狗啊来，蚕花娘子同加来。大元宝，滚进来，小元宝，门角落里轧进来。"

（2）人生仪礼

婚俗：传统的婚俗有着"撒帐"的习俗，就是用枣、花生、桂圆、瓜子等撒在新婚夫妻房间，寓意"早生贵子"。撒蚕花是当地对撒帐习俗的演变，具有当地的特色。在新郎新娘拜堂时，司仪拿一条红绸带，一条绿绸带，由新郎先打一个结，再让新娘又重上一结，俗称结同心结。当地在婚嫁时，家家都会以蚕丝被作为嫁礼，喝自家酿的桑果酒，米酒等。

丧葬：老人过世，亲近的邻居中的老妇人要为他洗浴，然后穿上新的寿衣。男性给男性打扮，称"门上新客人"，女性给身穿红裙红衫的夫人打扮，俗称"门上新娘子"。在死者灵魂升天之前，要由两个老妇人把十二个棉兜从死者的头拉到脚，边拉边唱《送丧十二个棉兜》。

（3）文化名人

沈万三：元朝时期浙江乌程县南浔镇人，今浙江省湖州市南浔区人，是元末明初的江南第一富家，也是全国首富，"资产巨万、田产逾吴下"。

温体仁：明代浙江湖州府乌程县人，今浙江省湖州市南浔区人，崇祯年间的内阁首辅之一，"九里三阁老"之一。《南浔志》记载："明相国温体仁居此，居民数百家，市廛栉比，农人栽桑养蚕，产丝最著，名甲天下。"

（4）民间信仰

南浔辑里村是主要的蚕丝产区，当地普遍崇拜与信仰蚕神，有许多祭祀的仪式。每年农历十二月十二日是蚕神生日，当地会举行祭拜蚕神的仪式，通过祭拜蚕神，来祈盼蚕神保佑新的一年风调雨顺，有好收成。

（二）双林镇

1. 地理地形

双林镇位于浙江省湖州市南浔区中部，北接太湖，南接杭州，东南接桐乡市，东北接江苏省吴江市，地处浙江北部杭嘉湖平原，地势低平，土壤肥沃，河网密布，是典型的水网平原。气候属于亚热带季风气候区，湿润温和，四季分明。

2. 历史沿革

双林镇有着六百多年的历史，最晚在汉、唐时成村，当时叫东林村。南宋建都临安（今杭州），北方大量商贾也迁移此地，所以又叫商林。元朝时双林的蚕丝养殖、生产、贸易已经十分发达，出现了绢庄、绢市。在东林村西边有西林村，明朝东林村和西林村合并设镇，改名为双林镇，一直沿用至今。

1949 年南浔解放后，双林镇属于吴兴县管辖。1981 年并入湖州市管辖。双林镇下有 33 个村委会，5 个社区，全镇共有 7.5 万人，行政区域面积 99.6 平方千米，耕地面积 6.75 万亩，林地面积 3.84 万亩。

3. 文化传统

（1）岁时节日

清明"轧蚕花"　清明节开始持续三天，以蚕为生的人家要去寺庙祭拜蚕神，双林境内的年轻人会去含山祭拜蚕花娘娘，如果女性在祭拜时碰撞到男性，当地人认为是把轧来的蚕花喜带回家中，保佑一年收成，今天仍有"轧蚕花"的活动，当地会举办"轧蚕花"的庙会，十分热闹，周围的人全部会来参加庙会。

蚕花娘娘生日　每年的农历腊月十二日是蚕花娘娘的生日，这天要祭祀蚕花娘娘，祈求来年是蚕花旺年，能有好的收成。在这一天，心灵手巧的蚕妇要制作茧圆和蚕花包子，茧圆就是用红、青、白三种颜色的米粉做成各式各样的团子和圆子，茧花包子就是从市场上买回来的甜包子和咸包子，回家分食，就称为吃茧花包子。还要准备酒菜、香烛，一块祭拜蚕花娘娘。在蚕花娘娘生日的晚饭前，要准备两颗鸡蛋，一碗猪肉，四个圆子，好酒，餐具等，拿蒸罩罩好，端到家门外，先焚香点烛，再让孩子把食物快速吃掉，吃得越快，寓意着来年蚕花越旺。

大年初一焙蚕花　大年初一，蚕妇要睡个懒觉，起床不能起得早，因为要"捂蚕花"，起床迟的目的就是为了焙发蚕花，当地也叫"焙蚕花"。起床后要吃顺风圆子，寓意新的一年收到的蚕茧都是质量上乘的白茧，顺丰圆子就是用米粉做成的很小的圆子，直径大概 1 厘米左右。

元宵节烧田蚕　农历正月十五，当地会制作蚕花火炬，缠上丝绵，挂上彩帛，然后点燃，敲锣打鼓，唱祈求蚕花丰收的赞词，到了晚上会放烟花爆竹，俗称"烧田蚕"，都是为了祈盼丰年，风调雨顺。

（2）民间信仰

蚕花娘娘　蚕花娘娘是当地民间信仰中的蚕神，她的形象是一个披着马皮的女人或者骑着马的女人。当地人也称蚕花娘娘为"马鸣王菩萨""马头娘"或者"马头神"。每年的清明节都要祭祀蚕花娘娘，当地有专门建造的蚕花殿，殿中有一尊骑马的蚕花神像，就是蚕花娘娘。

（3）文化名人

湖州双林出了很多历史文化名人，有清朝兵部职方司郎中姚学塽，著有《竹素斋集》10卷。清朝江苏巡抚徐有壬，他著有《务民义斋算学》，是一位数学家。中国首任林业部长梁希，中国科学院学部委员，一位了不起的林学家、教育家和社会活动家。中国书法家协会理事费新我，现当代使用左腕运笔的著名书法大师。

二、产业发展状况

湖州自南宋以来被称为丝绸之府，尤其是以丝织产业为主的手工业较为发达。现代湖州转向了工业化的发展，湖州产业主要以第二产业为主，传统的蚕桑丝织业地位下降，传统的蚕丝养殖已经很少，但丝绸纺织行业仍然是湖州的重要产业。

湖州的工业起步于 1909 年公益丝厂的建成，这也是湖州丝厂的前身，"二战"期间，以丝绸为主的工业结构严重受损，解放后，湖州工业结构以纺织工业为主。50 年代起，湖州的建材工业发展也突飞猛进。"一五"期间，国家进行手工业和资本主义工商业的社会主义改造，湖州的小工厂也进行合并、改组、升级，形成了达昌、湖丰、永昌、湖州、东风五大丝绸厂的格局。六七十年代，"大跃进"时期，湖州大力发展重工业，忽视了轻工业尤其是丝绸工业，在一定时期产量低。改革开放后，湖州对丝绸工业进行大规模的技术改造，扩建，兴建厂房，调整布局，引进各类机械设备，促使丝绸工业向精加工、深加工方向升级改造，丝绸产品占到了湖州市出口总额的一半之多，丝绸工业是湖州工业的首要行业，对浙江全省的发展也有重要的意义。

湖州现在的工业主要包括以下六大产业：一是新材料产业。包括不锈钢管线、铝制品加工、塑料管材、电磁线生产等。二是绿色家居产业。包括木地板生产、竹椅制造等。三是高端制造产业。湖州的电梯产业非常发达。四是化纤和纺织产业。是全国知名的童装生产基地。五是新能源产业。六是生物医药产业。生物医药产业是湖州市重点发展的新兴产业。湖州现阶段的产业结构呈现多样化的特点，轻重工业协同发展，但是缫丝行业在近年尤其是在疫情的冲击下，呈现明显的下降趋势。

（一）辑里

20 世纪的辑里村的产业一直以蚕桑、丝绸业等第一产业为主，现在全村产业结构主要以第二产业为主，同时发展第一产业和第三产业，蚕桑产业从传统的支柱产业地位下降，现在主要以保护、参观为主。辑里村的农业以粮油、水产养殖为主；工业以家具、木材、铝材、电梯导轨为主；服务业以辑里湖丝馆、国丝文化园为主，大力发展乡村旅游业、服务业。

从 1949 年起，开始恢复发展蚕桑产业，国家的稳定和政府政策的支持，使得蚕桑这一传统产业得到了恢复和发展。从改革开放以后，家庭联产承包责任制使得蚕桑产业落实到每一家每户头上，同时政府政策的支持，资金补贴、技术支持、收购都提高了当地村民的积极性，蚕桑产业得到快速发展。同时辑里村还开始发展第二产业，迈向工业化。在辑里村建成了湖州辑里制丝织造总厂、南浔砖瓦厂、湖州七二一厂、南浔化工厂、湖州辑里家具厂、和中外合资的湖州西尔凯制衣有限公司 6 家企业，吸收了当地大量劳动力，成为当时横街乡唯一的工业开发区，在辑里村形成了建材、化工、轻纺等三大支柱产业，根据 1992 年的统计，辑里工业开发区一共创造了 6 800 多万元的产值，实现了近 1 000 万元的利润。

在发展第二产业的同时，辑里村也十分重视第一产业的发展，尤其是蚕桑、丝织业的发展。自 1988 年以来，蚕茧亩产量一直稳定在 225 公斤左右，年总产蚕茧平均达到 500 多担。

到了 20 年代末，蚕桑行业发展缓慢，辑里村的蚕桑产业开始衰退，面临一系列问题，农业化肥涨价，蚕桑行业利润下跌；市场对蚕茧的需求下降，蚕茧价格下降，产量下降；随着第二、三产业的发展，村里外出经商、打工的人数增加，从事传统蚕桑养殖的人数下降；工业化发展破坏了辑里村的环境，当地水质、蚕桑质量下降。

21 世纪起，辑里村产业向第二、三产业转移，辑里村以家具业，木材居多，还有电梯业，铝材业，机械制造业等。2009 年，尚豪丝绸有限公司成立，这也是村里唯——家本土的辑里湖丝厂，他们一直坚持保护传统的辑里湖丝手工制造业，后续也参与了辑里湖丝馆、国丝文化馆的建成。

（二）双林镇

双林镇自古以来，一直是江南地区的商业重镇，元代时起，双林的蚕丝养殖、生产、贸易已经十分发达，已经出现了绢庄、绢市，明清时，海内外贸易十分兴盛。目前的双林镇是湖州市的工业强镇，产业结构主要以第二产业为主有许多规模很大的企业，浙江丝得莉集团、先登电工、久立集团、双狮链动等企业都是同行业内非常领先的企业。兼发展第三产业，服务业。第一产业打造绿色、生态、可持续的生态循环农业发展。

双林镇具有许多特色优势企业，磨料磨具、毛纺、链条、木业、废旧物资综合利用、不锈钢产业，这六大产业集聚于双林镇，带动了双林镇以及湖州全市的工业化发展。其中磨料磨具行业的生产总量和销售占据了世界第二，链条行业的主要产品都在全国前十。

双林镇率先成立了南浔区第一个电子商务创业园——新我电商创业园，园区主要为青年大学生互联网创业提供了场地和服务，包括办公、仓储基地、会议室，提供物业安保和前台接待等服务。目前，在园区内的主要经营范围是服装、母婴产品、画材、地板等，还有双林镇、湖州当地的农副产品，力求打造本地品牌，其中的湖州逸科电子商务有限公司推出了新我绫绢工艺品，将非物质文化遗产用互联网发扬光大，促进传承。

目前双林镇的丝绸纺织行业已不再处于支柱地位，但双林镇的绫绢产业仍是当地重要的产业，当地建有许多绫绢制作的小型企业，包括双林邢窑绫绢厂、天工绫绢制造有限公司、康明绫绢厂、湖州善琏万盛绫绢练染整厂、天强绫绢工艺品有限公司。

三、辑里湖丝织造技艺传承与发展现状

"辑里湖丝"，又称"辑里丝"，产自浙江省湖州市南浔镇辑里村。丝绸自古便是中国的文化符号，而湖州又是中国主要的丝绸产地，在历史上成为"四大绸都"之一。"辑里湖丝"作为湖丝中的极品，其无论从产丝品质，还是织造技艺，都具有重大的意义和价值。

从古代一直到近代，丝绸纺织行业都是湖州最主要的行业，但在工业化、新兴行业不断发展的今天，传统手工制作的辑里湖丝正面临着衰落与危机，

迫切需要得到重视与保护。随着 2011 年 6 月，辑里湖丝手工制作技艺被列入第三批国家级非物质文化遗产保护名录，地方政府加强了对辑里湖丝传统制作技艺的保护。本文将分别从辑里湖丝的历史沿革、制作技艺流程、非遗传承现状这三个主要部分分述辑里湖丝的具体情况。

（一）历史沿革

1. 辑里湖丝的起源与发展

湖州一带是我国最早的蚕桑丝绸产地。从湖州市城南 7 千米处的钱山漾良渚文化遗址出土的绢丝织物表明，比殷代早一千四五百年的钱山漾人已经掌握了织造平纹绢丝织物的技巧，这是我国迄今为止发现的最早的制丝工具和丝织品遗物。由此证实，早在新石器时代，湖州先民就已经开始从事种桑、养蚕，并具备了一定的缫丝技术。

三国时期，湖丝被作为皇家贡品，《太平御览》引《陆凯奏事》一文中记载道"诸暨、永安出御丝"。可见湖丝品质之优良。"湖丝"最早出现在南宋嘉泰期间，《吴兴志》记载"遍身罗绮者，不是养蚕人。湖丝遍布天下，而湖民身无一缕"。两宋时期由于北方战乱，连年饥荒，人口大量南移，这就为江南地区的蚕丝生产带来了技术和劳动力，到南宋末年，湖州的蚕丝生产已经超越了江南至全国其他地区的蚕丝产量。

到了明朝，南浔的朱国祯、温体仁两位相国将产自家乡的七里丝（即辑里湖丝）推荐给当朝皇上。朱国祯在《涌幢小品》中也赞颂辑里湖丝"湖丝唯七里尤佳，较常价每两必多份。"七里村所缫的七里丝，慢慢在国内市场打出名号，逐渐取代了湖丝的地位，当时不仅湖州地区所产之丝称"七里丝"，就连附近的杭州、嘉兴和江苏省境内产出的蚕丝也要冠以"七里丝"之名，以图打开海内外销路。赵鼎元在《辑里湖丝调查记》中记载："凡辑里四周百里之地所产之丝，都名之曰辑里丝。"也可作为证明辑里湖丝品质和名声的证据。

清朝后期，"七里丝"雅化为"辑里丝"，最早见于清雍正初年范颖通著作《研北居琐录》中记载的"所谓辑里湖丝，擅名江浙也"，周庆云在《南浔志》记载："辑里村居民数百家，市廛栉比，农人栽桑育蚕，产丝最著，名甲天下。海禁既开，遂行销欧美各国，曰辑里湖丝"明清时期，辑里湖丝已经有外销的记载，当时的南浔、菱湖、双林被称为"湖州三大丝市"，贸易往来十分繁荣。"辑里丝"也是皇帝龙袍的御用丝品。帝后的衣料都规定要使用辑里湖丝制作而成。

2. 辑里湖丝的贸易发展

辑里湖丝在清前一直以内销为主，清末逐步走向外销。刘大钧《吴兴农村经济》写道："辑里丝在海通以前，销路限于国内，仅供织绸之用，即今日所谓之'用户丝'，其销行范围既小，营业不畅。"辑里湖丝内销为主，少量辑里湖丝会通过宁波港或广州港运向包括缅甸、印度、埃及、英国等国家。

在清末鸦片战争后，上海成为通商口岸，取代广州成为进出口贸易中心，在江南地区形成了一个以杭州府、湖州府、嘉兴府为主的生丝贸易区域。南浔丝商将生丝直接运到上海港与洋商贸易，从南浔到上海形成了一条"浔沪丝路"。由于路费降低，成本减少，辑里丝价格下降，很快占据了欧洲市场。后太平天国统治湖州时期，太平军大力支持湖丝外贸，并专门派军保护往来贸易的安全，保证了湖丝的销量不仅没有减少，反而更加繁荣。

19世纪70年代到20世纪初，辑里湖丝进行改良，辑里丝经制法改良为"辑里干经"，又称"东洋经"。改良后的辑里湖丝从质量上和价格上，都毫不逊色于工厂制作的丝绸，这五十年间，丝业贸易繁荣，湖州蚕桑事业达到全盛时期，当时湖州城里的丝庄收缴起的新丝全部运往南浔，冠以"辑里湖丝"的名号，以便于国内国际市场的销售。辑里湖丝的外贸，造就了南浔"四象八牯牛、七十二狗墩"的富豪集团，也有"湖州一个城，勿及南浔半个镇"的说法。南浔镇因辑里丝而飞跃发展，崛起为江南雄镇。

20世纪20年代，辑里湖丝逐步走向衰落，一方面是日本缫丝工业化和人造丝的蓬勃发展，大量、廉价供应使得中国的辑里湖丝在外海市场不断萎缩，一方面是国际环境下经济大危机和中日战争的爆发，导致辑里湖丝大批量的滞销，整个行业陷入危机与衰败之中。

3. 辑里湖丝所获荣誉

从清代开始，时至今日，辑里湖丝获得过国内外多项奖项和荣誉。1851年，清咸丰元年，在英国伦敦举办的首届世界博览会上，上海商人徐荣村的"荣记湖丝"获得英国维多利亚女王颁发的金质奖牌，成为中国历史上第一个获得国际大奖的民族工业品牌，也使"荣记湖丝"的产地浙江省湖州市南浔镇辑里村成为中国首个世博会金奖的诞生地。1910年，在金陵南洋劝业会上，南浔辑里丝经取得了12枚金牌。1915年，在巴拿马国际博览会上，辑里湖丝与茅台酒同获金奖。南浔梅恒裕、邱天成、邱奕茂、李恒德、吴其昌、邵森大6家丝经行的产品分获金、银牌奖章奖词。1921年，南浔丝业代表随中国赴美考察团参加在纽约举行的第一届万国丝绸博览会，参展湖丝，广受好评。1923年，南浔代表在美国参加第二次万国丝绸博览会，辑里丝受到欧美各国厂商称誉。1930年张静江在杭州举办第一次西湖博览会，梅恒裕辑里丝与南浔机器改良丝厂"改良丝"获特等奖。

2010年5月，中国蚕桑丝织技艺被列入世界非物质文化遗产名单，"辑里湖丝传统制作技艺"属于子项目包含在内。2011年6月，辑里湖丝手工制作技艺被列入第三批国家级非物质文化遗产保护名录。

（二）技艺流程

辑里湖丝的制作工艺可分为以下三大工序，首先是缫丝前的准备工作——选料，主要是选茧和搭"丝灶"。然后便是缫丝，主要步骤有煮茧、索绪、理绪、添绪。最后是缫丝后的处理，主要是烘丝。"辑里湖丝"的制作技艺主要以家庭成员代代相传的方式继承，其中以女性继承为多。

1. 茧处理

南浔地区处理茧的方式主要从蚕结茧开始的，从蚕上蔟结茧后一直到蚕茧变成蛾之前都可以作为原料拿来制作，使用这些原始蚕茧将其缫丝，辑里湖丝最原始全部使用生缫丝的方式，保证了做出来的湖丝光鲜亮丽。

第一步是处理茧，先剥茧和选茧。剥茧就是用手把刚刚收来的新茧外面包裹着的"茧衣"全部剥掉，这层茧衣是用来保护蚕茧的，但是因为它的纤维细而脆弱，达不到当地制作湖丝的缫丝标准。且其丝胶含量又高，用这样的茧为原料缫成的丝会降低成品品质，所以缫丝前要先剥掉茧衣，这有利于后续的选茧、煮茧和缫丝环节。

同时要注意的是，不能将茧衣全部剥除，剥除太多会影响出丝量，所以需要师傅熟练的技术和掌握程度。辑里湖丝的制作选用的都是辑里本地产的"莲心茧"，这种蚕茧的特点就在于它生丝紧而厚实，同时，"莲心茧"十分晶莹，抽出来的丝也白净。剥茧、选茧的过程全部都是手工完成的，这就需要熟练、耐心的老艺人一个蚕茧一个蚕茧的挑选、处理。

2. 搭"丝灶"

搭"丝灶"就搭建一个用来是煮茧的灶台，这个灶台也是有很多讲究的，灶台控制着煮茧的火候，直接影响着蚕丝的品质，当地人主要把丝灶搭在缫丝车旁边，方便煮茧后缫丝等工序。按照当地的习俗，搭丝灶前还有一个小仪式要举办。家家户户在搭丝灶前，都要先请村里的风水先生来选择一个吉时吉向，燃炮，再在要搭灶的地方锄几次土，这才能开始搭灶。

丝灶的原样其实就是土坯，直接用当地的泥土搭建而成，材料不多讲究。搭好后，等土坯晒干，就在灶屋里搭灶。因为土坯可以存储住热气，不易散发，起到保暖的作用。当地的工匠在漫长的缫丝工艺演变过程中，根据使用的实际情况在不断的改进着灶体的形状，通过增大炉灶内部的空间，可以利用冷热空气不断对流，达到使柴薪充分燃烧的目的。丝灶下面的燃料要选用硬柴，当地以干桑柴为主，就是枯死的桑树做成的柴火。师傅要时刻关注火燃烧的程度和火势的大小，来决定是否添柴、添柴量的多少，从而使锅中水温能保持在 80~90 ℃。

3. 烧水

水对辑里湖丝的成品质量起着非常重要的作用，煮茧过程中使用的水会对缫丝的色泽度、光泽度以及丝的质感都产生很大的影响。而辑里村水质优越，当地人在缫丝前，只需将从本地的河里打来的水放在陶瓷水缸中，稍微沉淀即可用来煮茧。可见辑里湖丝品质之高，与当地的水质也有密不可分的关系。

烧水的程度以不烫手为佳，大约 50 ℃，当地人称之为"冷盆"。如果煮茧的水温度过高，就会降低茧丝与丝之间的胶着程度，温度过高会导致丝胶溶解，丝的含量下降，丝的净度降低，影响最后成品品质，现在的煮茧水温一般控制在 40~60 ℃。

4. 煮茧

煮茧的关键在于对水温的控制，水温要低于 100 ℃。煮出来的茧的质量的好坏，直接影响到了后面一系列的工序。蚕丝是蚕结茧时分泌的丝液凝固以后，形成的连续不断的纤维，这是一种纯天然的纤维，主要成分有丝素和丝胶，丝胶占到了 20%到 50%。丝胶呈淡黄色，质地比较脆硬，用途就是保护茧丝。丝胶的存在会导致制成的茧丝光泽度差，颜色暗，质感硬，摸起来不够光滑细腻。所以在制作的过程中，需要将蚕茧通过热水炼煮，来回翻动，反复漂洗、拉扯这些方式来去掉丝胶，提高成片的品质。

煮茧时要保持火势旺，过程中需要两个人配合完成操作，一个人烧火，保证火持续燃烧，一个人来回翻茧。先把 25 到 30 粒左右的蚕茧倒入锅中，静煮一段时间后，开始用茧筷慢慢地搅动，逐渐加速，开始不断地翻动蚕茧。在煮茧的过程中，一旦发现有不合格的蚕茧，直接用茧筷挑出即可。两个人一边用旺火煮茧，一边用茧筷不停地进行搅拌。煮一段时间后，锅里的水慢慢变脏，需要及时更换干净的水来继续煮茧。大约烧煮一个小时，保证丝胶基本溶解，茧的外层变得松散，这时就可以起锅，把蚕茧放入茧篮中，拿到溪边用凉水洗净。

5. 捞丝头

捞丝头就是把煮好的茧的丝头全部找到的过程。煮好茧后的茧称为煮熟茧。煮熟茧的表面基本上都已经有了绪丝（也就是丝头），通过丝头就可以找到茧丝的正绪。但仍然存在一些煮熟茧的表层没有绪丝，就需要再经过一些工序进行处理，这种茧称为新茧无绪茧，当地人称为无头茧。蚕茧在缫丝的过程中，也有可能会出现丝头断裂，导致无法找出正绪，这种现象叫落绪（即断头），这种茧子又被称为落绪茧。新茧无绪茧和落绪茧都是没有绪丝的茧子。

为了能够进行下一步缫丝的工序，就继续把这些没有绪丝的茧表面的茧丝再重新拉出，找到丝头，也就是求得绪丝的操作，这种操作叫"索绪"。索绪时要先将水煮到 90 ℃左右，然后再加入无绪茧，使用索绪帚把无绪茧的丝变得松散，形扁平，然后提起丝头，放下，再提起，这样反复索三轮的绪，保证将无绪茧的丝头抽出，注意索绪的过程中，手劲要轻，施力要巧，等待茧索好绪后，把茧的丝头拉下来就可以进入下一工序。

6. 缠丝窠（添绪）

蚕丝在缫丝的过程中，丝可能会自然脱落，蚕茧缫丝从外层开始，到中层、内层，在逐步向内缫丝的过程中，缫出的生丝也会逐渐变细，这些情况就会导致落绪现象的发生。当缫丝的时候出现落绪现象时，必须立刻补上其他正绪茧的绪丝，避免这个蚕茧继续落绪，从而保证缫的生丝量不损失太多，能够达到成品规定的线密度，这个操作就叫做添绪。添绪首先用右手拿着生丝，左手把丝窠分开，再把右手中的生丝丝头穿入丝窠厘米，这样就能保证看不出任何痕迹，最后的成品自然也与其他无二。如果从丝窠外面穿丝进去添绪的话，就会产生接头的痕迹。这就叫做"搭头法"。

添绪时要注意，在整个工序中，必须时刻准备着进行添绪，一旦出现落绪的情况，就要赶快继续添绪，保证生丝量。拿茧前先确定好用来添绪的茧的品种，不同品种的茧要添绪的茧也是不同的，如果使用不恰当就会导致两种丝不匹配，留有添绪痕迹。在添绪的过程中，动作一定要小心，用力要小，从水中取茧的时候要小心避免搅动缫丝汤，从而影响整锅丝的质量。拿出茧后，添绪要有顺序，从一段到另一端，避免从中间随意开始添绪的行为，会破坏生丝的成品质量。添绪需要老艺人丰富的经验，落绪多的茧就多添绪，落绪少的茧就少添绪，不能一概而论。

7. 绕丝轴

缫丝开始前先要烧水，仍然使用辑里当地的水，水温保持 80 ℃左右，将装有一茧篮的茧倒入丝灶锅中开始煮，老师傅在旁边要使用当地专门制成的用来"索丝"的竹制丝帚（也叫记筷）来回翻动锅中的蚕茧。之所以使用热水缫丝，一方面是为了把蚕丝表面的丝胶充分溶解，另一方面也可以起到杀菌的作用。然后从锅中取出茧，每七八个茧为一组，把它们捞出来后抽出丝头，把蚕茧表面的丝理顺、理整齐，把多余的、凌乱的丝去掉，然后找出每个茧的丝头，将每组抽出的丝头穿过"丝钩"，再穿过"丝眼"，这样一次便可缫出三绞丝。缫丝车的中间还有个小转盘，通过转盘把蚕茧的丝头引到缫丝车铜绪"丝窠"上，这个步骤便是索绪和添绪。在索绪和添绪的过程中，老师傅需要不停地用脚踩踏板，通过踏板运动来带动车轴转动，从而把蚕丝一圈一圈地绕到车轴上。等到锅里的蚕茧抽丝完成的差不多，就拿一组新的茧放入锅里，将新抽出来的丝头接着绕到缫丝车的铜绪上，与原来的丝相连，由于丝的表面残留有丝胶，丝与丝会自然黏在一起。继续踏板，就能将丝全部连接成一股。注意每缫完一茧篮的茧之后，为了保持水的洁净度，要把锅中的水全部更换成新的、干净的水。

8. 炭火烘丝

炭火烘丝是辑里湖丝手工缫丝的最后一步，顾名思义，也就是用炭火将丝烘干。

由于缫丝车上的蚕丝是刚刚从锅里取出来的，丝还粘有水分，较为潮湿，所以要在缫丝车的下面放置一个无烟炭盆，把丝给烘干，俗称"出水干"。老师傅的经验和技术就显得至关重要，如何能够控制好炭盆的火候，配合着脚踏速度十分关键，使丝既能快速烘干，又不受损。在烘干的过程中要注意保持环境的清洁，以免丝受到烟灰影响品质。

通过上述工序手工制成的辑里湖丝，具有"细、圆、匀、坚"和"白、净、柔、韧"的特点，主要基于以下几方面的原因：第一，先天的地理、环境条件适宜，辑里村地处杭嘉湖水乡平原，适合栽桑养蚕，蚕茧质量高，当地有丰富而优越的水质；第二，缫丝工具、设备先进，在当时辑里村使用的缫丝车制作精良，织出的丝品质高；第三，缫丝方法先进，经过前人不断的改良，从辑里湖丝到辑里丝经，采用再摇方式去屑，再改良为辑里干经，色白、经匀、质韧。

（三）辑里湖丝制作主要器具

1. 蚕匾

养蚕用具，形状为圆形，通常用竹篾或苇子等编成，用于盛放桑叶和养蚕。通常直径约为 50 厘米和 150 厘米，大的蚕匾用于放桑叶和养蚕，小的蚕匾用于放蚕茧。

2. 茧篮

装茧的用具，通常用竹篾或苇子等编成，用于盛放在蚕匾中选出的优质蚕茧。

3. 丝灶

使用泥土垒成的灶台，用来煮茧。注意在泥土中混入适量麦秸，可使灶台更加稳固。灶台一般设有三个洞，最上用来添柴火，中间用来通风助燃，最下用来盛灰，当地人主要使用桑树枝烧火。

4. 索绪帚

用于"手工索绪"，找到表面蚕丝。一般用稻草制成。主要有单把索绪帚和双把索绪帚。

5. 记筷

用于煮茧时搅动抽丝、翻动蚕茧。是由一堆杂乱无序的细竹碎枝拼接而成一个蒲扇形的平面，也可用当地的竹简来制作，将竹片做成梳子形状。

6. 炭盆

用于烧炭烘干刚刚缫完的蚕丝。主要是铁制的，还有铜制，质量较好。主要使用的是白炭，因为白炭燃烧时间长，不冒烟，无污染，不影响缫丝的纯净度。

7. 蚕抬

用于放置蚕匾。主要用老杉木制成，沿抬柱的高度方向，分成十个格子，每格放一只蚕匾。

8. 缫丝车

这是缫丝的重要工具。隋唐就出现了手摇丝车。后期历朝历代不断改良丝车，提高缫丝的质量与产量。

（四）非遗现状

2010 年 5 月，中国蚕桑丝织技艺被列入世界非物质文化遗产名单，"辑里湖丝传统制作技艺"属于子项目包含在内。2011 年 6 月，辑里湖丝手工制作技艺被列入第三批国家级非物质文化遗产保护名录，有两位代表性传承人，分别是省级代表性传承人顾明琪，市级代表性传承人徐永艳。

1. 手工技艺传承现状

从近代开始，传统手工行业不断受到西方工业革命的冲击，从机械化大批量廉价人造丝，到高质量的厂丝生产，生丝市场不断萎缩，在"二战"后几乎陷入停滞。随着缫丝机器的引入，传统手工缫丝更是受到重创。建国后期到改革开放，丝厂不断进行改良与技术革新，更新机械化设备，传统的手工缫丝生存环境艰难。2010 年，一直使用传统机械生产的辑里丝厂由于资金不足，无力更新设备，最终宣告破产，传统的辑里湖丝手工技艺更是举步维艰，难以存续。

现今，辑里村掌握传统手工缫丝技艺的艺人不足二十人，没有一个人年轻人熟悉这种手艺，传统手工制作已然面临后继无人的状况。而现在村里从事辑里湖丝手工生产的，也只有省级代表性传承人顾明琪一家。但顾明琪如今已有 77 岁高龄，身体条件不足以支撑他继续从事手工缫丝生产。其他精通传统手工缫丝的老艺人，也因为年龄和身体原因，无法正常从事生产活动。

传统手工制作辑里湖丝必须使用专门的木制手工缫丝机，而今全村的木制缫丝机也仅剩两台，一台由顾明琪及其家人保管，另一台放置在南浔镇辑里湖丝馆，用于陈列展示。剩下的全部是机械生产的自动缫丝机。

2. 代表性传承人现状

辑里湖丝国家级非物质文化遗产共有两位代表性传承人，分别是省级代表性传承人顾明琪和市级代表性传承人徐永艳。

（1）省级代表性传承人顾明琪

顾明琪，1946 年生，浙江湖州人。2009 年 9 月被评为湖州市第一批非物质文化遗产"辑里湖丝传统制造技艺"代表性传承人，2009 年 12 月又被评为浙江省第三批非物质文化遗产"辑里湖丝传统制造技艺"代表性传承人。

顾明琪出生在浙江省湖州市南浔镇辑里村一个世代养蚕的家庭，从他的曾高祖父顾宝成开始，顾家经营辑里湖丝手工缫丝已经有了一百多年的历史，顾明琪的父亲顾云龙和母亲胡年娜都是辑里村中有名的缫丝艺人。

顾明琪自 9 岁起接触辑里湖丝手工制作的相关技艺。1963 年 7 月从吴兴一中毕业后，顾明琪回家务农，帮助父母并学习辑里湖丝的手工制作技艺。学习技艺的路途漫长又辛苦，每一工序的完成都需要一次次地反复练习，每一步骤的衔接都要无比熟练地掌握，水质、水温、气候、环境各方位都得精准把握。

1966 年，顾明琪参加了第一届农技蚕桑培训班，更系统地学习了蚕桑农事的知识。1969 年 2 月，顾明琪成为辑里村的农技员和蚕桑辅导员，专门研究农作物的病虫害防治和改良蚕桑新品种，研发新技术并推广。他经常在当地公社办的培训班教课，给当地人讲解养蚕种桑相关方面的知识和技术，在一次次教学和下地劳作中，顾明琪把以前学的知识全部运用到实践当中，并传授出来。他自己养的蚕每一张都能比别人多收好几斤，他手工抽出来的生丝品质高，蚕丝洁白、粗细均匀。2009 年 9 月湖州市第一批非物质文化遗产

"辑里湖丝传统制作技艺"代表性传承人，2009年12月被评为省级代表性传承人。获得"南浔区文化示范户""优秀乡土人才"等荣誉。

在获得这些荣誉和称号之后，顾明琪义不容辞的承担起保护和传承这项技艺的责任。辑里湖丝馆开馆后，顾明琪把家里的木质手工缫丝车无偿捐赠给湖丝馆，用于展览。现今的顾明琪已有77岁高龄，虽然身体情况已经让他无法继续从事辑里湖丝手工织造，但他仍坚守在保护和传承辑里湖丝非遗的第一线上。只要有空闲时间，顾明琪就去辑里湖丝馆为游客展示技艺，并且努力地招揽愿意学艺的年轻人，免费把这一项技艺传授给他们。他还经常在当地各类文化艺术节上展示，前往当地小学为同学们现场表演，向当地文化部门汇报辑里湖丝的有关情况。

顾明琪提出辑里湖丝今后的发展方向应该从以前一户一户的散养转为集体化养蚕，吸引更多的年轻人投入到传统的手工缫丝织造中来，将辑里湖丝的辉煌延续下去，将这一非物质文化遗产好好传承下去。

（2）市级代表性传承人徐永艳

徐永艳，1977年生，祖籍安徽。2014年9月，徐永艳成为湖州市第五批非物质文化遗产项目辑里湖丝手工制作技艺代表性传承人。

1993年，年仅16岁的徐永艳和当时很多安徽姑娘一起嫁到了浙江湖州南浔，徐永艳嫁给了顾明琪的儿子顾峰，去到当时村里集体办的辑里丝厂打工当学徒。由于第一次接触蚕桑丝织，徐永艳一切都需要从零学起。上班的时候，徐永艳在丝厂白班、夜班两班倒，等到休息的时候，她就跑到厂里，悄悄观察当地的艺人如何操作，虚心向他们请教、学习。多年来的勤奋努力学习和日复一日地练习、操作，使得徐永艳熟练地掌握了辑里湖丝手工缫丝技艺的每一项技艺流程。由于制丝过程需要使用一定量的腐蚀性液体，导致徐永艳的双手皮肤受到伤害，常常会掉皮。

2010年，由于收支不抵，一直使用传统机械的辑里丝厂无力购买、更新设备而宣告倒闭。徐永艳就和丈夫顾峰一起，在当地开办了一家家具厂，但是他们仍在坚持着辑里湖丝手工缫丝这项传统技艺。在经营家具厂的生意之外的休息日，顾氏夫妻也经常去辑里湖丝馆表演辑里湖丝手工缫丝技艺。2014年年初，徐永艳随顾明琪前往国家图书馆参加丝绸非遗项目特展，也在现场表演了辑里湖丝手工制作技艺。2014年9月，徐永艳成为湖州市第五批非物质文化遗产项目辑里湖丝手工制作技艺代表性传承人。

3．面临问题

（1）传统手工制作行业式微，传承后继无人

全村熟练掌握手工缫丝技艺的艺人数量少，且都年事已高，无法生产，而年轻人嫌手工缫丝过程烦琐，掌握起来十分困难，缫丝过程中还要使用并接触到一些腐蚀性液体，对人身体不益，加上近年农村工业化、城镇化进度加快，当地从事种桑蚕茧的农民大量减少，蚕茧产量下降，原料的短缺、品质的降低使得手工缫丝面临困难；且手工缫丝人工成本高，效率低，产量少，传统工厂纷纷倒闭，就业困难，导致年轻人更不愿意学习手工缫丝的技艺，造成传统辑里湖丝的手工缫丝技艺面临后继无人的困境，无法进一步传承下去。

（2）传承工作缺乏人才、资金、技术支持

虽然已有南浔区非物质文化遗产保护中心和南浔镇宣传文化中心的设立，后续又开设了辑里湖丝馆，但其缺乏专门负责辑里湖丝手工制作技艺保护传承工作的人员，许多以前从事过搜集整理辑里湖丝传统手工技艺资料的工作人员因为年纪大退休，或者转去到其他岗位而造成人员的流失。

辑里湖丝非遗保护中心的建设，日常的运营、管理，对传承人的补助、设备的维护，传承保护队伍的建设和扩大，非遗传承活动的宣传、开展等各项活动，全部需要资金的支持，但是由于目前政府专门用于辑里湖丝项目的资金不足，导致各类传承活动受到限制，传统手工制作技艺的开发与创新缺乏资金，无法进一步研究、升级技术，改进工艺，导致传统的手工缫丝技艺难以有所突破。

（3）宣传力度有限，未达成保护传承的共识

现代人对于辑里湖丝的传统手工缫丝技艺缺乏理解，虽然辑里湖丝已经列入了国家级非物质文化遗产名录，但除了南浔镇辑里村的当地村民、一些蚕丝生产界人士和文化界人士熟知外，大部分人并不熟悉辑里湖丝手工技艺的工艺流程、产品特点、传承价值和历史意义，代表性传承人一系列的传承活动与媒体宣传也没有能够引起社会的广泛关注，且媒体做不到长期记录、宣传辑里湖丝的保护和传统动态。

当前加入到辑里湖丝手工制作技艺传承保护行列的民间力量也是少数的当地企业家、非遗志愿者，和一些文化界人士，缺乏社会人士的大量加入和

形成保护传承手工技艺的共识。

4. 保护措施

（1）政府

在辑里村成立辑里湖丝文化研究会，建立辑里湖丝馆。辑里湖丝文化研究会的宗旨是传承和弘扬辑里湖丝文化经典，通过收集、整理辑里湖丝史料，保护好辑里古村落和蚕桑文化的发展、传承，积极开展各类研究，召开研讨会传承，做好非物质文化遗产的保护、传承与宣传工作。辑里湖丝馆是辑里湖丝手工制作技艺宣传展示基地，设立在南浔古镇景区南浔镇史馆内，于 2010 年 7 月 6 日开馆。馆中展示了辑里湖丝的制作工具和设备，并配有文字照片记载，获奖证书等资料，总计藏有实物展品 165 件，图片 510 张。在这里举办了两届南浔辑里湖丝文化节，还经常组织开展各类以辑里湖丝为主题的展览、讲座和研讨活动。

（2）企业

创办本土企业，坚持匠心制作，保留、传承手工技艺。现今，辑里村仅存一家本土丝厂——尚豪丝绸有限公司，由辑里村的两个年轻人创办，他们的初心就是传承好家乡的辑里湖丝手工制作技艺，最大限度地保留原始的辑里湖丝特色，尽可能保证制作过程手工化、原生态化。

尚豪丝绸有限公司还投资建立国丝文化园，2011 年正式启动建设。主要功能区有蚕桑生态区、丝绸文化展示区、文化传承生产创意区、休闲娱乐区。成立至今，已经举办多次以湖州和蚕桑为主题的大型生态旅游文化活动，湖丝文化节，桑果采摘旅游节。除了娱乐、宣传功能，国丝文化园还承载了重要的农业科学技术研究功能，先后被授予"现代农业综合试验示范基地"和"科技创新示范基地"。

国丝文化园已经成为辑里村乃至浙江湖州南浔的一个地标，不仅吸引了国内外游客前来观光，对于保护和传承辑里湖丝手工制作技艺，打造辑里湖丝文化品牌，都有深远的影响。

（3）民间

湖州市南浔区横街小学是辑里湖丝手工制作技艺的教学传承基地，位于南浔区横街镇育才路，与辑里村相距约 5.4 千米。横街小学在校内专门分出一块空地建设"百草园"，开展养蚕实践活动，由学生自行管理，种植桑树、养蚕。学校还在三年级科学课上开设养蚕课程，普及养蚕知识，开展实践活动，每学期组织学生前往国丝文化园参观学习，邀请省级非遗传承人顾明琪演示辑里湖丝手工制作技艺，组织学生参加辑里湖丝文化节开幕式活动，感受湖丝文化。

辑里湖丝文化研究会、辑里湖丝馆、国丝文化园、横街小学等，作为"非遗"的一个个载体和窗口，都在用实际行动传承、保护、创新和发扬湖丝文化，促进湖丝文化与国内外文化的交流，同时也为辑里湖丝文化的再兴盛研究，相关衍生品与制作技艺的改良研发创新提供新平台。

四、双林绫绢织造技艺传承与发展现状

双林绫绢产自浙江省湖州市双林镇。因其具有薄如蝉翼、轻如晨雾的品质，被誉为"丝织工艺之花"。绫绢指的是绫和绢，"花者为绫，素者为绢"。在中国传统的丝织品——绫、罗、绸、缎中，绫绢居于首位。2008 年，双林绫绢被列入第二批国家级非物质文化遗产保护名录。

（一）历史脉络

绫绢是真丝织物中两个品种的名称——绫和绢，"花者为绫，素者为绢"。而现代的绫和绢指的是丝织物的大类名称。绫指的是斜纹组织的织物，其特点是使织物的经纬浮点呈现连续斜向的纹路。绢指的是平纹组织，质地细腻、平整、挺括的织品。

双林绫绢历史久远，根据考古研究发现，位于湖州双林镇西北方向的钱山漾良渚文化遗址，在考古挖掘的过程中出土了新石器晚期的绢片，表明在距今四千七百多年前的新石器时代晚期，中国的浙江省湖州市就已经有了世界上最早的丝织绢片，当时的钱山漾人已掌握了织造平纹绢丝织物的技巧，这是我国迄今为止发现的最早的制丝工具和丝织品遗物。

湖州在三国时期隶属于东吴，古有"吴绫蜀锦"之称。东晋时，根据牧莱脞语 20 卷卷十三"上背之者颐涂炭之所吴绫蜀锦冰纨火布紫具玄"可见绫又称吴绫。而在（同治）湖州府志 96 卷湖州府志卷三十三"粉绢按王献之书羊欣白练裙练即绢也梁武帝小"的记载得知绢称作白练，在王献之任吴兴太守时就使用白练写字。在南朝的宋代，绫绢是主要的外贸商品，大量绫绢经

由广州等地出口到林邑（即今天的越南）、扶南（即今天的柬埔寨）、天竺（即今天的印度）、狮子国（即今天的斯里兰卡）等国。梁武帝在位时，根据（民国）吴县志 80 卷吴县志卷第五十一"欣白练裙练即绢也梁武帝小名阿练因改练为绢"的记载，因梁武帝小名阿练，故避讳把练改为绢。在范文澜所著的《中国通史简编》中记载道："梁时商业尤盛……中国输出货物多是绫绢、丝绵等"。

唐代绫绢行业空前繁荣，贸易遍及全国。白居易赞美其为"异采奇文相隐映，转侧看花花不定"。在（弘治）湖州府志 24 卷湖州府志卷第八中记载"而织者绫唐时充贡谓之吴绫今有二等散丝而织"，绫绢已经成为朝廷贡品，远销海外。到了宋代，双林绫绢生产贸易繁盛，政府专门在湖州设立织绫务，负责为朝廷征收上贡的绫绢和为朝廷挑选优秀的织工。在宋代双林绫绢已经开始有实行部门分工的痕迹，将不同工序，如织造、印染、生产、销售分开在不同场地进行。织户集中在东林织旋洁（在双林镇东北苕南水产村附近）和西林纱机塘（在双林镇苕南谈家堰西），负责印染的工人则集中在耕坞桥一带的皂房。"染绢者漂此，水常呈黑色。"因为日复一日的漂洗皂纠，将桥下的沽水都染黑了，因此也被称为"墨浪湖"（在双林镇南栅耕坞桥东双林丝厂南），故双林别称"思浪"。

元代绫绢生产兴旺，规模扩大，在双林镇上"有绢庄十座，在普光桥东，每晨入市，肩相摩也……辰刻散市曰收庄"。当时已经出现了多家绢市、绢行与绢庄，位于湖州路西林的旧绢巷有吴氏在此设立绢市收绢。绢市中专门设置了"司岁""司月"协助绢主，（同治）湖州府志 96 卷湖州府志卷三十三"市曰收庄主其事者有司岁有司月取绢者曰绢主"。在东林普光桥，有十家绢庄，绢庄收购机户所售绢纱。

明代东、西两林镇统一合并成双林镇后，绫绢行业得到快速的发展。在双林镇设有绢巷，收购绫绢然后外销，主要销往福建、温州、台州、苏州等地，销售量达 10 万匹。崇祯年间的双林镇一共有 8 000 户机户，16 000 多人从事在绫绢生产的行业里，双林成为了全国当之无愧的丝织行业生产贸易重镇。到了清代，双林镇生产绫绢的范围继续向外扩展，绢市也逐渐形成专业的生产规模，在双林镇当地设有绢庄二十多家，并在附近市镇设置分庄，上海、苏州都有分庄，绫绢的销售范围遍及全国乃至海外，出口日本年收益达 10 万元银元。

民国时期，从 1919 年到 1921 年，双林绫绢的生产达到鼎盛。当时双林镇从事绫绢生产行业的可达五六多千人，粗略统计下一共拥有两千多台脚踏手拉织机，几乎达到了家家户户都在养蚕、缫丝、织绫绢的盛况。在当时，双林镇的绫绢年产量足足有 240 多万米。后面受到第二次世界大战的影响，内忧外患，到抗日战争时期，行业严重受创，几经衰落，处于濒死的状态。

至新中国成立之后，开始重新复苏，逐渐恢复绫绢产业的运行。"一五"期间，国家进行手工业和资本主义工商业的社会主义改造，1956 年，双林镇的六家红白绢坊进行合并、改组成为双林镇绫绢加工胶坊生产合作社。后又组建双林镇绫绢胶坊小组，产品全部交由国家统一收购、分配，纳入国家计划。1958 年，在双林镇绫绢加工胶坊生产合作社和胶坊小组的基础上，当地又建立起来了吴兴县双林绫绢厂，也就是现在的湖州市双林绫绢厂，这也是当时国内仅有的一家可以实现自织、自染的绫绢生产厂。双林镇绫绢的生产工艺逐步从流传了几千年的手工织造、家庭小作坊模式，转而向规模化、机械化、批量化的工厂生产转变。

六七十年代，"大跃进"时期，湖州大力发展重工业，忽视了轻工业尤其是丝绸行业的发展。"文化大革命"期间，双林绫绢被打上了"封、资、修"的标签，行业严重受挫，几乎停滞。1971 年，双林绫绢厂仅存一台织机织绫，其余全部毁于混乱之中，这对传统的双林绫绢生产具有严重的影响，双林绫绢处于生死存亡之间。

1976 年，改革开放后，当地政府重新重视起轻工业尤其是丝绸工业的发展问题，进行了大规模的技术改造，扩建，兴建厂房，调整布局，引进各类机械设备，促使丝绸工业向精加工、深加工方向升级改造，双林绫绢厂重焕新生，产量连年增长，不断改良革新技术，湖州双林绫绢厂成为了全国最大的自织、自染的绫绢专业厂。

21 世纪，双林绫绢与时代相接轨，不断研发新技术、新产品，满足市场的需求，与时俱进，在今天，许多重要场合都有着双林绫绢的身影。2008 年北京奥运会，千年以前作为贡品的双林绫绢，今日又将作为国礼，赠送给来自世界各地的宾客，让他们一睹中华文化、传统手工艺品的气韵。而奥运会中冠、亚、季军和所有获奖运动员的获奖证书都是由双林云鹤绫绢厂生产的"云鹤"牌祥云图案，经过再制作后裱封于证书封面。14 年后的今天，2022 年北京冬奥会上，双林绫绢再次亮相，这次是带有雪花图案的绫绢，经过再制作后裱封于证书封面，献给每一位获奖运动员。雪花图案的设计灵感来自于双林绫绢传统花纹——冰梅花，高贵素雅，彰显中华文化之精神。

（二）技艺流程

双林绫绢的传统手工技艺流程分三个步骤：一是准备，二是织造，三是练染。准备由两部分组成，分别为经向和纬向，经向又由翻丝、整经两部分组成。一共有十一个工序，主要有浸泡、翻丝、整经、络丝、并丝、放纤、织造、练染、批床、矴光、检验、整理等工序，其中织造是最为核心的一步，历朝历代所使用的织机也在不断更新、改进，逐步完善，中国最早的织机大约出现于商朝的手纹织机，到现在使用的电力织机，变的是器械，不变的是传承几千年来的匠心工艺。

1. 浸泡

双林绫绢全部使用白厂丝作为原料，在浸泡前先把七股作为一份，卷成一个整体，然后再开始浸泡。浸泡的水是经过专门调配的，每立方米的水需要加入 7.5 克的乳白色柔软剂，将其混合均匀后，把丝慢慢放入缸中，以前当地主要使用漆石缸浸泡，现在改成了不锈钢缸，注意浸泡的水温要控制在 45 ℃左右。每次浸泡的丝量有 12 包，每包 5 千克，一共 60 千克，浸泡时间大约在一个小时左右，既要保证每包丝都能完全浸泡，又不过量浸泡，影响下一步进度。待丝将柔软剂充分吸收之后，能发现缸中的水变得清澈，这时将水全部放掉，再拿出浸泡后的白厂丝，等待晾干，方可进行下一步。以前的晾干方式主要为自然干燥，最好是阴干，不然丝晒干容易发臭，阴干的丝在后续织造时既柔软，弹性又好，织出的绢自然质量好。现在都直接把丝放入脱水机中脱水、晾干。

2. 翻丝

古称"调丝"，就是将丝卷绕在络丝车上。目的是使丝具有一定的卷绕形状，方便后续工序的进行。将浸泡完成、晾干后的丝放在络丝车上，经丝络在六角竹签上，绢的纬丝络在筒子上。在把丝卷绕在络丝车的过程中要注意保持丝一定的张力，避免把丝拉损、拉白。遇到断丝和毛丝的情况，就要考验师傅的技术，断丝的话要将两节断丝结头，重新连接起来，对于这一步有专门的手势——咔结，这样结头使得丝结实、牢固、不易断，遇到毛丝就将其全部剪掉，以免影响后续丝的品质。

3. 整经

整经是将卷绕在络丝车筒子上的丝，按要求平行地卷绕到整经车上的加工过程。整经使用分条整经车，将丝卷绕完成后，再把丝线拨退到经轴上，在这一过程中也要注意用力的力度，既要把丝整好，又要保证丝有一定的张力，从而确保产品的质量。

4. 络丝

络丝是将丝线缠绕在六角竹签的过程，全程手工完成，考验师傅的熟练度和缠绕手法。先把一根长 50 厘米左右的木棒插到六角竹签中间的孔中，把六角竹签固定在木棒上，木棒的选取也有讲究，要使用前细后粗的木棒，插入六角竹签中的长度大致为 15 厘米左右。选用四根表面光滑的小竹头，用木板固定好竹头的四个角。然后师傅把一根一根的丝从四根小竹头的外面拉出，将丝头再缠绕在六角竹签上，逐渐加快缠绕速度，日复一日的制作让他们无比熟练，看着竹签高速转动的过程中，丝就一点一点地被均匀地缠绕在了六角竹签上。

5. 并丝

并丝就是将多根丝线合并成一股丝线的过程，在并丝车上完成。

6. 放纡

放纡是将丝线卷绕到纡管上的过程。先把缠绕在六角竹签上的丝线浸湿，然后用放纡车把丝线卷绕到纡管上，从而进行下一步织造的工序。在放纡的过程中，同样要注意卷绕丝的力度，控制好张力，如果用力过大，会导致下一步织造中出现吊白，形成亮丝，降低产品品质。用力太小就会导致丝在织造的过程中无法织进布中而被"吐"出来。

7. 织造

织造是双林绫绢制作工艺中最核心的一道工序，过程就是根据不同成品的要求，把经轴放在织机上，通过织机来织成绫或绢，花者为绫，素者为绢。

织造又可以分成六个环节依次进行，分别是开口、投梭、引纬、打纬、送经、卷取。把经丝和纬丝分别放置在织机上，先把经丝从织轴出拉出，绕过织机，绕到织口，然后启动织机，待两个棕框上下交替运动，从综眼里穿过的经丝就自然而然地分为了两层，形成梭口，再将纬丝从梭口织入，将经、纬丝不断的相互交织，最终形成织物。

8. 练染

练染指的是煮练丝再染色的过程，主要可分为订襟、挂练、缝头、染色、出水几大流程，下面进行介绍。

（1）订襟：将织好的绫绢用针线沿着边依次订好，穿上竹竿。

（2）挂练：烧一锅水，然后加入纯碱、雷帮、泡化碱、保险粉等进行练漂，待水烧开后将火关小，使水沸而不腾，然后把挂在竹竿上的绫绢放入锅中，大约放置一个小时练熟，然后将绫绢拿出，水出干净后进行脱水。

（3）缝头：绫绢脱水后抖散平铺，将头尾缝合，两边再缝到机头布上。

（4）染色：染色至少分七道进行，按照绫绢的不同颜色，染色的次数也不一样。先用匀染剂加适当水搅拌均匀，再用滤网过滤。绫绢缝头后卷好边，卷到染色机缸的滚筒上，把配好的染料先加入一半到滚筒中，开始第一道染色，一边染色一边卷绫绢。等绫绢全部卷到机缸另一侧的滚筒后，就把剩下的染料加到机缸的另一侧，再进行第二道染色。第三道和第四道染色的过程中需要加入适量的盐，目的是促进染色，将滚筒内的温度调高至 100 ℃。第五道染色时就要注意观察绫绢颜色和目标颜色是否一致，如果色白差不多，机缸中的水也较为干净，就再进行几道高温即可完成染色，如果颜色较深还需要多进行几次高温染色。如果机缸中水的颜色比较深，而绫绢的颜色比较浅，就需要稀释适量的冰醋酸后分次加入，达到机缸中的水与绫绢颜色较为接近，方能进行下一道工序。

（5）出水：将机缸内的水放完，再加入清水，一直到机缸里流出的水干净为止，然后再加入适量的清水，升温至 40 ℃左右，加入适量固色剂，继续重复卷滚筒，卷绫绢，直到把绫绢卷到小滚筒上为止。

（6）整理：绫绢卷好后，放到整理机上进行烘干、整理，使其表面平整。

（7）码尺：绫绢烘干整理完成后，用码布机测量好绫绢的长度。

9. 批床

批床的目的就在于使绫绢表面的样式、花纹、颜色更加凸显、精致，需要艺人熟练的手艺完成这项操作。绫绢的批床工艺一般需要两个人配合完成，这两个人又叫上手和下手，区别就在于上手是精通批床技术的老师傅，下手刚刚是学成的还不太熟练的小师傅。批床的时候要从绫绢的头部开始，再到中间，最后到尾部。批绫绢时，老师傅上半身要一只手举着绫绢，另一只手拿刮子去理顺绫的经丝和纬丝，下半身要用膝盖顶着滚筒，以防止滚筒移动，破坏绫绢外形，这对老师傅力度和动作的掌控要求非常之高。老师傅批绫绢的同时，小师傅要在旁边给绫绢喷水。待绫绢的经、纬丝、正、反面都批的均匀之后，放置一会儿，将刚才喷的水晾干，然后用沾有菜油的布子擦拭绫绢表面，用力要轻，这样可以使绫绢表面的花纹样式更加突显，花色也更加好看。

10. 研光

研光就是使用石元宝反复磨压绫绢，目的是使经过研光后的绫绢表面更加柔顺、光滑。过去使用土丝，必须要进行研光的工序，现在绫绢生产已经不是必需的一步，但是对于一些有特殊需要的场合，例如一些仿古产品的制作，北京故宫博物院等，仍然进行研光的工序。

由于手工制成的桑蚕丝存在粗细不一致的问题，在织造成绫绢之后，表面不够平整、光滑，所以需要通过研光，使用石元宝对绫绢进行反复磨压。研光要磨两次才算好。先取一轴卷好的绫绢放到底座盘上，上面压上石元宝，两侧放一个专门制成的木架，用来支持研光的师傅。研光过程中，师傅通过抓握木架来借力，身体腾空，双脚踩上石元宝的两边，然后开始左右施力，师傅施加的力道越足，用力越均匀，绫绢就磨压得越平整、紧密、结实、光滑、细密。第一遍研光完成之后，就在批床上倒轴，将绫绢的内层朝外，刚才压过的外层向里卷好，再进行第二遍研光。

11. 检验、整理

制作好的绫绢放到码布机上测量长度，然后进行最后的修剪，把毛丝剪掉，对绫绢成品进行分级，分出正品和次品，最后把绫绢整理好，卷起包装。到这一步，绫绢就真正地制作完成了。

（三）非遗传承与保护现状

2008 年，双林绫绢被列入第二批国家级非物质文化遗产保护名录。2010年 5 月，中国蚕桑丝织技艺被列入世界非物质文化遗产名单，"双林绫绢传统制作技艺"属于子项目包含在内。有两位代表性传承人，分别是国家级传承人周康明，市级传承人郑小华。有一个保护责任单位——湖州云鹤双林绫绢有限公司，也就是以前的湖州市双林绫绢厂。

1. 行业发展现状

湖州市双林绫绢厂在 1999 年，由于经营不善导致破产。2000 年进行破产重组后，成立了现在的湖州云鹤双林绫绢有限公司，成为了双林绫绢的保护责任单位。目前，在湖州有四百多家从事绫绢生产行业的企业和个人，其中的十八家企业达到了规模化的生产水平。从事绫绢生产行业的工人有 1 500 多人。

2. 主要企业

（1）双林邢窑绫绢厂

双林邢窑绫绢厂，建成于 1995 年，由厂主谢雪祥创办。谢雪祥从 1986 年开始去到双林绫绢厂学习绫绢的制作工艺，后遭遇双林绫绢厂经营困难而裁员，下岗失业后的谢雪祥妻子张惠芳一起在 1995 年创办了双林邢窑绫绢厂。

双林邢窑绫绢厂在传承老式产品和工艺的同时，还不断进行着研究与创新，1999 年双林邢窑绫绢厂研发出了一种新的绫绢产品——"韩锦"，其成本较低，但制作出来的成品却十分精美，可谓物美价廉，与众不同，受到了市场的喜爱。后面双林邢窑绫绢厂还推出了仿古系列绫绢，满足了市场很多消费者的需求。2014 年，双林邢窑绫绢厂注册了"呈祥"品牌商标，成为个人独资企业，目前的年产值已有上千万，制出的产品大量销往海外，未来还在不断的进一步发展。

（2）天工绫绢制造有限公司

天工绫绢制造有限公司成立于 1991 年，由厂主庄积强创办。1992 年成功注册"天工"品牌商标，1995 年在湖州注册成立，成为一家个人独资私人企业。刚注册时仅有 5 名员工，凭借着生产出高品质的绫绢产品，天工绫绢厂发展迅速，到 1997 年时，已经有 85 个员工，年产量达到了 120 万米。该公司除了生产绫绢外，还进行深加工、延长产业链，承接产品托裱、书画装裱等项目的生产。

（3）康明绫绢厂

南浔双林康明绫绢厂成立于 2009 年，由周康明创办，经营范围包括绫绢、丝织品、工艺品加工，主要专业进行对绫绢上胶矾的加工工艺。周康明是双林绫绢的国家级代表性传承人，他专攻绫绢练染后续的处理技术工作，他通过改进矾绢连续上浆新工艺的项目，使得双林绫绢的产量从原先的 400 米增加到了 1 500 米，产量增长了接近三倍之多。1999 年双林绫绢厂破产后，周康明开始独立进行矾绢的加工工序。2009 年，注册康明绫绢厂，属于个体工商户。康明绫绢厂专门为其他的绫绢生产厂加工胶矾。

（4）湖州善琏万盛绫绢练染厂

湖州善琏万盛绫绢练染厂成立于 2003 年，由厂主姚云火创办，属于个人独资企业，专门进行绫绢的练染工序，湖州善琏万盛绫绢练染厂在推动绫绢的练染技术与装裱工艺创新的过程中起到了重要的作用。

（5）天强绫绢工艺品有限公司

天强绫绢工艺品有限公司成立于 1999 年，由厂主莫建强夫妇创办，属民营企业，2011 年注册成为有限责任公司。莫建强是双林绫绢厂的最后一任生产厂长，在双林绫绢厂破产后，他与妻子一起创立了天强绫绢工艺品有限公司，该公司除了生产绫绢产品外，还自主研发了一系列绫绢相关的文化产品，并且荣获诸多奖项。在 2000 年的西湖博览会上，天强绫绢工艺品有限公司负责装裱的《清明上河图》获得了西湖博览会中国国际设计与丝绸博览会丝绸产品评比的金奖，由该公司生产出的宋锦成为了国家总理办公室和人民大会堂的装饰材料，北京故宫博物院指定要使用天强绫绢工艺品有限公司生产的仿古绢用于修复古画。

3. 代表性传承人

双林绫绢织造技艺国家级非物质文化遗产共有两位代表性传承人，分别是国家级传承人周康明，市级传承人郑小华。

（1）国家级代表性传承人周康明

周康明，1948 年生，浙江省湖州市南浔区双林镇人。周康明的祖父周德财和父亲周志庄都从事着绫绢生产行业，他们家就是当时传统的绫绢作坊家庭，也就是红白绢纺。周康明从小在绫绢作坊中观察祖父和父亲制作绫绢，耳濡目染。

1964 年，祖父从双林绫绢厂退休后，周康明进入双林绫绢厂工作，他开始正式学习双林绫绢的织造技艺，平日里主要学习的是绫绢练染后的处理工序。1967 年，绫绢厂改造设备，周康明就成为了一名安装绫绢机的机修工。

为了能够深入学习到绫绢织造的理论知识和进一步的研究，周康明经常去浙江丝绸工学院向专业教师请教、学习丝绸织造方面的知识与技艺，他还自学了丝织工艺学。1978 年，厂里让他负责参与双林绫绢品种的研制与开发，周康明不负众望，在 1980 年开发出了锦绫和古香锦，让他获得了全国工艺美术"百花奖"。1985 年，通过完成矾绢连续上浆新工艺的项目，使得绫绢的质量有所提高，品种优化，双林绫绢的产量从原先的 400 米增加到了 1 500 米，产量增长了接近三倍之多，周康明也因此获得了浙江省科学技术进步奖。

1999 年，双林绫绢厂破产，当地人又回到了一家一户的家庭小作坊生产模式，随后企业发展起来，绫绢从织造到练染都由相关企业、个人完成制作，但最后一步矾绢的工序却几乎没有人在完成。于是，2001 年，周康明开始自己进行矾绢的加工工序。2003 年，周康明的儿子周树盛也开始学习并加入了矾绢的行业，已经有了二十年的生产经验，子承父业，周树盛接手了父亲的绫绢事业，双林绫绢织造技艺有了新的继承人。2009 年，周康明被评为双林绫绢织造技艺的国家级代表性传承人，被确定为首批浙江省"优秀民间文艺人才"。

（2）市级代表性传承人郑小华

郑小华，1970 年生，浙江省湖州市南浔区双林镇人。郑小华 1980 年开始进入双林绫绢厂工作，他先是在织造车间跟随着钟新宝师傅学习双林绫绢的织造技艺。1982 年，他又被调到了双林绫绢厂的练染车间工作，这时，郑小华开始拜周康明为师，学习双林绫绢的练染技艺。1999 年，随着双林绫绢厂宣布破产，郑小华也下岗失业。

眼看双林绫绢好不容易向着产业化、规模化、机械化的方向前进，又在一夕之间倒退回了家庭小作坊的模式，为了使双林绫绢的手艺得以传承，产业得以存续、发展。2000 年 11 月，郑小华等原先双林绫绢厂的骨干职工一起筹措资金，出资收购了原来的双林绫绢厂，并对其进行资产重组，成立湖州丝得莉双林绫绢有限公司，郑小华任总经理。2001 年 8 月改组为云鹤双林绫绢有限公司，郑小华任总经理。云鹤双林绫绢有限公司作为双林绫绢织造技艺的保护责任单位，始终为双林绫绢的非遗保护与传承事业做出贡献。2009 年 12 月，郑小华被湖州市文化广电新闻出版局评定为第一批湖州市非物质文化遗产项目双林绫绢织造技艺代表性传承人。

4. 面临问题

双林绫绢在 1999 年双林绫绢厂破产倒闭之后，陷入一段时期的低谷，从原来的规模化、机械化生产、加工、制造，又重新退回了家庭小作坊式的个体分散经营模式，这就为绫绢后续的产业化发展，遗留下来一定的问题。现在，绫绢产业已又重新恢复了集体化的生产，已经有了 18 家企业和一些分散的小规模企业，但是与之前的双林绫绢厂完全无法相比。目前，双林绫绢产业呈现出一种"碎片化"的发展模式，显然，这种生产模式并不利于绫绢行业的发展。

（1）企业规模小、分布散

虽然已经有了 18 个形成规模化机械化的企业，但仅有几家是以绫绢生产为主，其他的都是生产丝绸为主，兼辅以绫绢生产，大多数的企业规模很小，经营模式都是前店后厂，前面营业，后面作坊生产、制作，一家也只能做几个品种，产量很低，销售额自然也不高。

（2）企业创新能力不足、抗风险能力弱

小规模企业普遍的生产状况，只能维持原始的、基础的绫绢生产，他们的上升驱动力不足，也没有足够的资金进行规模的扩大、设备的更新和技术的创新，抗风险能力弱，随着现在使用的设备和产品样式、产量逐步落后于市场发展的要求，这些小企业就会面临危机。

（3）生产条件不规范

由于资金不足，企业也无力更新设备、扩大规模。多数企业仍使用着老旧厂房和机械设备，就存在着大量的生产环境不符合标准以及安全隐患。硬件设备的落后不仅使得生产力水平达不到市场的需求，更容易发生一些事故，危害员工生命安全。

（4）产品质量参差不齐

由于企业分散，以个体为单位，就会导致价格混乱，没有统一的标准价，买家与卖家存在信息不对等的情况，损害消费者利益。在消费者购买的过程中，价格与质量不成正比，受到商家坑蒙拐骗的现象同时有发生。有些企业通过偷工减料降低了生产的成本，然后压低价格低价售卖，损害了其他商家和消费者的利益，更破坏了整个市场的秩序。

（5）宣传力度有限、重视程度不足

虽然双林绫绢已经列入了国家级非物质文化遗产名录，但除了当地人、从事绫绢、丝绸行业生产人士和文化界人士熟知外，大部分人对绫绢缺乏认识，对绫绢的工艺流程、产品特点、传承价值和历史意义并不了解。从业人员主要都集中在体力劳动行业，缺乏专业的技术从业人员，对其进行技术革新，研发新产品、新技术。此外，还能熟练完成双林绫绢手工制作工艺的老艺人都年事已高，年轻人愿意学习手工技艺的微乎其微，这也造成了传统双林绫绢的手工织造技艺面临后继无人的困境，很有可能无法再进一步传承下去。

5. 保护措施

湖州双林绫绢产业经历了从古代发展来的逐渐繁荣到受重创，再重焕新生，而后走向衰弱的大起大落。由于缺乏对传统艺术的重视，市场需求也日趋下降，产业升级转型的过程中，传统的双林绫绢和其他丝绸行业就被落在时代的脚步后，面临重重危机。而在今日，国家、政府、人民越来越关注传统文化产业的保护和运行。2008年，双林绫绢被列入第二批国家级非物质文化遗产保护名录，保护、传承好双林绫绢，就是保护好中国的传统工艺，文化底蕴。对此，政府、企业都做出了相应的保护措施。

（1）政府

政府提高了对双林绫绢的重视程度，保护和传承意识，发布了一系列的保护政策，并且实行了许多措施，为使双林绫绢释放它原有的活力，焕发出新的光彩。

政府加大扶持当地绫绢企业的力度，专门投入资金用来保护双林绫绢织造技艺和绫绢产业的持续发展。将绫绢的生产产业与文化产业、旅游产业有机结合，深度挖掘绫绢的文化内核，与双林、南浔、湖州当地深厚的地区文化相联结，打造出一条独具特色的文化旅游路线，把双林绫绢打造成双林的文化旅游品牌。

（2）企业

湖州云鹤双林绫绢有限公司作为双林绫绢织造技艺的保护责任单位，始终坚持保护好、传承好双林绫绢织造技艺的初心。通过向老艺人学习传统手工工艺的流程和注意事项，改进工厂的生产技术；走访全国各大博物馆和文化书画单位，向他们取经，学习对非遗的保护、传承经验和下一步规划；不遗余力培养年轻人，确保双林绫绢不陷入后继无人的困境之中，培养下一代双林绫绢织造技艺的艺人；除了日常绫绢的生产外，他们还根据市场的需求，不断探寻传统工艺，力图复原原始的手工工艺流程和产品，云鹤双林绫绢有限公司推出的新产品——耿绢，是北京故宫博物院专用的绫绢，故宫使用此耿绢复制了数千幅藏画，让这些隐藏在故宫深处的旧字画得以重见天日，为大众所观赏，这些使用耿绢复刻出来的字画已经有了明、清时期的效果。

云鹤双林绫绢有限公司的研究对我国的历史古籍字画和文物修复工作做出了不可磨灭的贡献。在 2010 年，与湖州市南浔区政府相关部门协同建设双林绫绢织造技艺传承基地，从厂区内腾出了 300 平方米的用地，专门用来保护双林绫绢织造技艺。

五、总结

（一）通过对比两个个案——辑里湖丝和双林绫绢的调查可以发现，目前双林绫绢的产业化程度比辑里湖丝的产业化程度要高，辑里湖丝现在已经几乎停滞，不再制作，而双林绫绢仍有许多企业、工厂在进行制作生产，其一是因为双林绫绢的制作过程大多数可以使用机械设备代替，而辑里湖丝的自动化实现十分困难，仍然需要手工完成，就导致了辑里湖丝在现代不再生产，更多地用于向外界展示制作过程，但双林绫绢仍在很多场合下发挥着重要的作用。表明传统的手工艺品想要很好地在新时代继续传承下来，仍保留大规模的生产、销售，就需要实现部分或全部的机械化、自动化的生产模式。

（二）湖州的蚕丝织造行业在现代重焕新生的方式，已经无法通过像 20 世纪一样，在第一产业的养蚕植桑和第二产业的缫丝织造来形成大规模、产业化的生产模式来实现。在新时代的发展中应该走以第三产业为主的路线，小规模地开辟场地进行示范化种植桑树，养蚕，尽可能地复原原始的、传统的手工织造、缫丝技术来完成，目的不再是销售、大批量地售卖产品盈利，而是通过文化旅游业、文物展览等模式，向外界展示传统文化和产品的魅力为主，以起到更好的保护、传承作用。

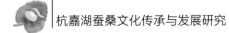

　　（三）虽然双林绫绢织造技艺、辑里湖丝手工制作技艺先后被确立为国家级非物质文化遗产，但是对这两项传统的工艺还是具有明显的不足，在下一步的发展过程中，政府应该加大对其保护和发展的投入资金，支持代表性传承人的保护、宣传活动，同时依托一系列的自媒体宣传、互联网电商等新兴平台进行传播，更好地保护非物质文化遗产。

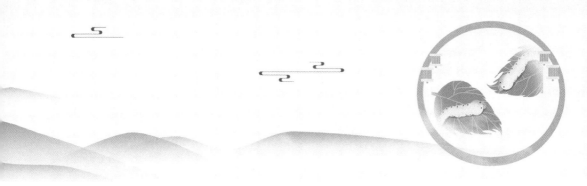

第五章　高杆船技的传承现状与艺人口述史整理报告

高杆船技是一种民间水上杂技表演活动，流传于浙江省杭嘉湖平原的桐乡市。高杆船技的表演形式是将一根结实有弹性的毛竹固定在船上，表演者身着特定表演服爬上数十米高的竹枝梢头，模仿蚕宝宝表演出各种各样精彩绝伦的动作。高杆船技体现了杭嘉湖平原中心地区人民的蚕神信仰，具有深厚的历史文化底蕴，被录入国家级非物质文化遗产名录。

一、历史渊源

（一）地理环境，产业结构，文化背景

1. 地理环境

高杆船技诞生于杭嘉湖中心地段的湖州南浔、德清，嘉兴桐乡一带，流传到今天，已主要集中在隶属于嘉兴市的桐乡市，尤其流传于桐乡的洲泉镇镇西。洲泉镇位于桐乡最西端，杭嘉湖平原的中部，与杭湖两地接壤，其南面与杭州市余杭区相接，西面是湖州市德清县。

杭嘉湖平原中心地区地理位置优越，位于长江中下游平原，水陆交通便捷，少山多川，河网密布，是典型的江南水乡。平坦低洼的地势，坐落着黛瓦白墙青石小巷，大大小小的河流湖泊交错分布，水路纵横，极富有江南水乡的情致。

根据 2020 年 10 月 20 日洲泉镇政府发布的洲泉镇概况，洲泉行政区划面积 73.36 平方千米，下辖 19 个村，1 个社区，户籍在册人口已有 6.41 万人。现在，镇区已有申嘉湖杭（S13）高速公路、省道崇新线、桐德公路、临杭大道贯穿全境，但是在传统社会，洲泉镇乃至杭嘉湖中心地区的陆上交通并不突出，居民往来劳作多倚仗水上交通，四通八达的水网是居民天然的交通要道。这里的水系属于长江流域太湖运河水系，河网密度高，水系发达，河流交错，有各种各样的水域形态，如塘、浜、溇、潭、漾、荡、池塘、湾兜等。塘是指流域长、宽的大河。浜是只有一端通向其他河流，另一端不通的河。而田间的规模较小的浜就是溇。潭是指比较深的水域。漾是明朗宽阔的水域。荡是田间单独存在的水域。池塘是整个都被土地围住的水塘。湾兜是指三面被土地围住，有一面与河流相通的池塘。除了各种各样的水域，杭嘉湖平原中心也有许多典型的湿地，就拿洲泉镇来说，就有白荡漾、桑泽湖、野菱滩湿地等湿地，是当地的重要典型景观之一。

靠山吃山，靠水吃水。多水的环境提供了天然的道路，水路富则船富。船只成为杭嘉湖平原中心地区传统社会的人民生产生活的重要工具。在日常交通、走亲访友、运送粮食货物、市坊交易等活动中，船只都是重要角色，发挥着不可替代的作用，陪伴着杭嘉湖人民几千年的生活。更有荡田离屋舍远的人家，日日田间劳作皆倚赖舟楫，日出驶船随朝露开始一天的劳作，日落簇拥晚霞仗水归家。船只也依据不同的标准被划分成不同的种类，如按式样划分，可分为划船、光板子船、木帆船等；按用途划分，可分为农船、航船、渔船等。在特定时空下，劳动人民也会将生活中常用的舟楫稍加改造，用于特殊情境，比如高杆船技表演要用到的高杆船就是将农船加以改造而来。

在这多水多船的典型江南地区，水是交通之助，也会是交通之阻，显然，桥是当地不可绕过的一种元素，桥也是一道亮丽的风景线。桥梁按材料划分有石桥、木桥；按形式划分有拱桥、梁桥等，再细分还有单孔、三孔、七孔之别。桥为天然形成的水路安上关节，使当地居民的交通线路更加灵活。小桥流水人家，桥梁的绰绰身影是水乡这幅画卷中浓墨重彩的一笔，其中凝聚的建筑智慧是中华民族的财富，桥梁之美体现出的水乡情韵也是高杆船技诞生的重要原因。

2. 产业结构

"桑拓绿阴肥，千树翳夕霏。机声交轧轧，灯火竞辉辉。"这首诗贴切地描述了杭嘉湖地区种桑养蚕的情形。

杭嘉湖平原腹地气候湿润温和，阳光充足，降水充沛，极适宜种桑养蚕，发展蚕桑业，这一带乃至整个江南地区的蚕桑产业历史极为悠久，底蕴深厚，为今天的发展积累了丰富宝贵的经验。我国考古学家曾在 1958 年于湖州南郊钱山漾出土了一系列新石器时代的丝织品，包括已经炭化或接近炭化的丝线、丝带和绸片等。经科学鉴定，这些丝织品的纤维原料为家蚕丝。随后有学者发表文章，充分论证了早在史前时期，这片土地的先民就已经开始养蚕制丝。杭嘉湖地区的蚕桑养殖历史，至少已有 4 700 多年。

东汉末年至魏晋南北朝，我国北方政局动荡，战乱频繁，百姓民不聊生，开始大规模南迁，为南方带来人力、物力，促进了蚕桑丝绸业在江南地区的发展。南朝时期更有诗文云：“裊裊陌上桑，荫陌复垂塘。”这一句通过艺术形式充分展现了太湖流域附近的桑田茂盛之景，体现了这一带的桑蚕业的繁荣。往后历朝历代，黄河流域的中原人民屡受北方游牧民族的侵扰或是政权更迭之苦，而南方社会环境相对安定，由此造成大量劳动人民迁入南方，经济重心南移的步伐不停，南方经济开发加快，蚕桑丝绸业也受到积极影响。

到了唐朝时期，洲泉一带生产的丝织品已经是进献皇都的贡品。此时的丝织品也是朝廷税收的重要来源，唐朝赋役制度“租庸调”中的“庸”就是指可以通过缴纳绫绢来代替劳役。此时江南地区的丝织物品种已经非常丰富，如织成、贡纱、吴绫等。丝织刺绣的图案花形也吸收了一些异国风情。杜甫也写过在《昔游》一诗：“幽燕盛用武，供给亦劳哉。吴门转粟帛，泛海陵蓬莱。”描绘了江南吴门所生产的丝物被运送到北方的场景。

宋朝时，朝廷曾采取一系列有效的措施“劝课农桑”。有学者考证，当时湖州一带广泛推广桑树嫁接技术，培育出新品种“湖桑”，既有荆桑根系发达的优点，也有鲁桑枝叶葳蕤的优点，极大地提高了生产效率，甚至有“湖桑遍天下”的说法。北宋时，朝廷还在江南地区设置江宁府织罗务、润州织罗务、常州织罗务，在杭嘉湖一带设置湖州织罗务、杭州织罗务，通过这些朝廷机构来管理、发展丝织业。南宋时，三大锦院名满天下，其中的杭州锦院就是在杭嘉湖一带，另外两个分别是距杭州不远的苏州锦院和蜀地的成都锦院。当时的杭州还有白编绫等知名的优良丝织品种。

元朝初年，江南一带丝织业发展因统治者的民族歧视政策和轻视桑蚕丝织的态度而陷入停滞。后来，随着国策的变化，朝廷实施一系列恢复性措施，在江南设织染局等，蚕桑业逐渐恢复生机。《岛夷志》中记载，丝织物在元朝时期的海外贸易中也扮演着重要角色，其中包括许多优良的丝织品种，例如红绢、山红绢、龙锦、丹山绵、青缎、草金缎、建宁锦、五色绢、苏杭五色缎等。它们种类繁多，精良绮丽，它们仿佛天边绚丽斑斓的霞光被造物主徐徐披于缕缕的丝上，越经千年霞光不退，依然映射在今天的人们的眼中，它们体现着中华先民令人惊叹的创造力和祖祖辈辈的勤劳精神。

时间来到明朝，江南蚕桑业持续繁荣发展。明代三大丝织中心——山西、四川和杭嘉湖平原所在的江南。明朝始有资本主义萌芽，江南地区应丝织业贸易需求，自然而然地出现了一批商业市镇，甚至有"无丝不成镇"的说法。明朝初年，为了恢复元末战乱对国家和百姓造成的伤害，明朝政府奖励生产，重视蚕桑，洪武元年和洪武二十七年，明太祖朱元璋曾两次发布诏令鼓励蚕桑。在这样宽松惠民的政策下，蚕桑业很快得到恢复，到了明中后期，海外贸易繁荣，蚕桑业在其中也占有可观规模，生丝和丝织品的数量和占比不断增加。明朝时期的南浔镇还流传着一首打油诗："丝行店伙真惬意，头发梳得光，咸蛋吃个黄，鱼虾喝点汤。"生动展现了当时丝织业的状况。

清乾隆时期的《湖州府志》中有如此描述："蚕事如《禹贡》《豳风》所陈，多在青、衮、岐、雍之境，后世渐盛于江南。"江南地区蚕事的发展规模可由此窥见一斑。清代周灿有《盛泽》诗云："吴越分歧处，青林接远村。水乡成一市，罗绮走中原。逐利民如鹜，多金贾自尊。人家勤机杼，织作彻晨昏。"盛泽镇丝织贸易的繁荣发展也体现了江南地区在清朝时的资本主义萌芽程度，丝织业在资本主义萌芽中发挥了重要作用。

近代以来，中国逐渐卷入世界市场，各口岸相继开放，生丝和丝织品大量出口，蚕桑业得到发展。新中国成立以来，我国积极利用现代科学技术，育种杂交等技术为现代蚕桑业注入新的活力。

杭嘉湖地区的蚕桑业自古以来便是地方经济的重要支撑，为中央提供可观的财政收入，也是人民的重要生活来源。也有谚语说："桑是摇钱树，蚕是聚宝盆。"蚕桑业早已在劳动人民千百年来的辛勤劳作中深深与人民的生活融为一体，在缺乏科学技术的传统社会，劳动人民难以预料蚕桑收入的好坏，因此将蚕花繁茂的期望寄托在神灵身上，即蚕神。由此产生的以祭拜蚕神为核心的蚕桑习俗与文化流传至今，高杆船技就是其中的代表之一。

3. 文化背景

杭嘉湖平原中心地区强烈的蚕神崇拜的一大缘由是基于蚕桑行业的特殊情况。种桑养蚕是一种极为讲究的农事活动，在缺乏科学种养的年代，容易遇到各种各样减产减收的天灾人祸。

关于桑，桑是一种落叶乔木，品种极多，根据相关学者统计，以嘉兴一带为例，在 1920 年前后，这里就有三大桑树类型，30 多种桑树品种，三大类型分别是早生、中生、晚生。早生桑包括火桑、早青桑、乌皮桑树等；中生桑包括桐乡桑、白条桑、荷叶桑、富阳桑、真杜子桑等；晚生桑包括荷叶白、白色青、大种桑、麻皮桑、紫皮湖桑、白皮湖桑等。嘉兴一带从魏晋就开始了人工育苗的历程，魏晋之前则多使用野生桑叶。从种桑来说，光是桑树的育苗方式历朝历代就屡有变迁，以嘉兴为例，唐宋之际广泛采取播种的育苗方式，至明代则广泛使用压条法，清朝改进压条法，新中国成立后使用过插条法，现在也有许多桑农使用嫁接方法。除了育苗，种桑密度、剪养、施肥等都会影响桑树的长势，种植过程中还会有各种各样的病虫害，如桑璜、桑天牛等。古代人民难以使用科学的办法来解决这些问题，所以常求于神灵，祈求生产顺利。

关于养蚕，当地人称蚕为"蚕宝宝"，由此就可看出蚕的娇嫩难养。蚕是鳞翅目蚕蛾科动物，一种软体类昆虫，喜温厌湿，怕热、怕冷、怕光，非桑叶不食。养蚕一季长达一个多月，有诸多需多加注意的事项。杭嘉湖有一些地区还有"伺候舍母娘像饲蚕宝宝一样"的说法，"舍母娘"就是指坐月子的产妇，服侍月子中的产妇的用心谨慎可想而知，强调服侍产妇的小心要用养蚕来类比，可见养蚕之精细。蚕室布置很有讲究，要求干燥宽敞、保温通风，严忌有老鼠洞。蚕室中的蚕具更是专业，火盆、干湿温度计、蒿荐、蚕匾（圆大匾和腰子匾）、小蚕匾、蚕台、蚕架、蚕筷、鹅毛、叶刀、蚕网、地铺凳、人字梯等各有讲究，并且这些蚕具必须严格暴晒消毒。饲养过程则有头眠的一龄期、二眠的二龄期、三眠的出火期、大眠的四龄期四个部分。一旦蚕室布置、蚕宝宝饲养过程中出现任何问题或是产生了蚕病都有可能造成减产甚至是绝产。蚕区还流传着一首小诗：

一只蚕匾圆溜溜，十只蚕匾十层楼；

> 大眠三朝吃大叶，养蚕阿婶日夜愁。
>
> 四月里来养蚕忙，蚕咒牙齿要吃三间房；
>
> 穿绸哪知养蚕苦，哪顾得梳头脚上脏。

足以见得养蚕的忙碌。

比起养蚕诸多注意事项，蚕病更是令蚕农头痛不已，僵病、败血病、血液型脓病、空头性软化病等，光凭借长期的养蚕实践中积累的经验难以全面解决，对于致病的原因也难以有确切的认知，更别提有效地解决病害。所以蚕农自然而然地将目光集中在拜神祭神上，祭拜蚕神成为人们一年中重要的活动和习俗。

杭嘉湖一带的民间将马头娘与嫘祖共尊为蚕神。马头娘就是马鸣王菩萨，她的传说即是"马裹女化蚕"，晋干宝《搜神记》中的记载比较完整，也有学者认为这一传说的记载始见于《搜神记》。以下是辑录：

旧说太古之时，有大人远征，家无余人，唯有一女，牡马一匹，女亲养之。穷居幽处，思念其父，乃戏马曰："尔能为我迎得父还，吾将嫁汝。"马既承此言，乃绝缰而去，径至父所。父见马惊喜，因取而乘之。马望所自来，悲鸣不已，父曰："此马无事如此，我家得无有故乎？"亟乘以归。

为畜生有非常之情，故厚加刍养。马不肯食，每见女出入，辄喜怒奋击，如此非一。父怪之，密以问女，女具以告父，必为是故。父曰："勿言，恐辱家门，且莫出入。"于是伏弩射杀之，暴皮于庭。

父行，女与邻女于皮所戏，以足蹙之，曰："汝是畜生，而欲取人为妇耶？招此屠剥，为何自苦？"言未及竟，马皮蹙然而起，卷女以行。邻女惧怕，不敢救之，走告其父。父还，求索，已出失之。

后经数日，得于大树枝间，女及马皮尽化为蚕，而绩于树上。其茧纶理厚大，异于常茧。邻妇取而养之，其收数倍，因名其树曰桑，桑者，丧也。由斯百姓竞种之，今世所养是也，言桑蚕者，是古蚕之余类也。

这个故事为蚕赋予了绮丽的神话色彩，也有学者认为，蚕马故事具有浓厚的生殖崇拜的意味，而且故事中的蚕是由马和女子共同化成，寓意多子多福，是古代人民祈求蚕事丰收的愿望的映射。

嫘祖则是通常认为的蚕业的始祖，宋代时就已受先民供奉。中国的传统社会习惯将行业祖师爷视为神，例如，酒业拜杜康，茶业拜陆羽，农业拜后稷，商业拜陶朱公，玉器行拜丘处机。崇神拜神是蚕俗的具体化体现。神灵为这片土地上挥洒汗水的人们一味心灵的寄托，在今天也极有研究价值。

高杆船技是基于当地蚕桑产业的经济基础，依托于多水多船多桥的环境，以蚕神祭祀为核心的民间表演娱乐活动，正是这样特定的自然经济人文环境才能孕育出这样独特的与土地无法分割的民俗艺术。

（二）历史发展脉络

高杆船技起源于明末清初，盛行于清末民国。一说兴起于南宋，盛行于明清及民国时期。作为一项流传于民间的表演活动，高杆船技在历史文献中的记载并不多，其历史发展脉络已难以考察，目前并未查阅到明确的相关文献记载。因为缺乏文献考证，所以以上两种说法都暂且存疑。

虽然高杆船技的时间发展脉络无从确定，但它的流传地区发展是清晰的。从诞生时的杭嘉湖平原中心地区，包括湖州南浔、德清以及嘉兴桐乡一带到现在只有桐乡还在流传，尤其是集中在桐乡市洲泉镇镇西一带的夜明村、马鸣村、清河村等。

而且可以肯定的是，在清末及民国时期的近代，尤其是抗日战争前，蚕桑业未经大规模战争破坏的民国时期，受到蚕桑业的繁荣影响，此时的高杆船技表演是极为鼎盛的。那时的高杆船技表演团队最盛时多达数十个，团队成员也数量可观，甚至已达百人之多，表演规模大，表演场地多。那时的蚕花水会有一百多条船，几万人观看，蚕民观赏热情和喜爱程度都很高。高杆船技表演团队在双庙渚、含山、洲泉南市梢等场地的巡演都受到大家的喜爱和热烈欢迎。

二、高杆船技的表演形式

（一）准备工作

高杆船的表演时间一般是在清明前后三日，但现在政府为了避免铺张浪费，将蚕花水会的时间缩减为一天，除去商业表演及活动宣传，高杆船的表演大多就在清明这一天进行。为了充分准备，基本从过年后就开始准备，准备内容包括表演地及参演人的选定，表演工具及服饰的准备。

1. 人员选定

以前的表演者都是自告奋勇，没有报酬自愿参与。想要参与蚕花会表演的人在吃完年夜饭后会摇快船到相对固定的一户人家里去商讨新一年里蚕花会的活动安排并分帖子，分到这个帖子就代表这个人将在新一年的蚕花会中进行表演。因为想要参演的人很多，能否拿到帖子只能靠运气。但现在人们因为工作或生活中要忙各种杂务，没有时间为节目进行准备，众人的主动参与积极性大减，其中最主要的原因是能成功在高杆上做出表演动作的人已经很少了，所以现在如果每年要开蚕花会，当地政府就会提前通知会高杆船表演的人让他们做好练习准备，在举行蚕花水会时请他们来进行表演，并给他一些费用作为准备工作的花销及参演的报酬。

2. 表演地点

高杆船作为一项水上杂技表演活动，既有危险性，又包含观赏性。为了让表演人的安全得到最大保障、多数观看人能清楚观赏，高杆船的表演地点要满足以下四点要求：

（1）水面宽阔。水面宽阔是为了表演者安全着想。表演的高杆较长，当表演人在杆上表演时，高杆会向水面倾斜，同时因为表演者在高杆上做动作以及吹风的影响高杆会以船为中心轴转动，所以水面足够宽阔，船只停在河中央，距河岸比较远，即使表演者不慎失手落水，也不会造成重大伤害。

（2）视野开阔。高杆船的表演有极大的观赏性，在水会活动中是最受欢迎的一个项目，前来观看的人特别多，为了观众能清楚观看，所选地的两岸树木应尽可能少，以避免树枝遮挡观众视线。

（3）交通便利。之前是要求水上交通便利，因为当时多数观众是自己划船来观看，为了便于集聚和疏散，选择的地方最好是河流汇聚、水速较慢的深水区域。现在也需要陆上交通便利。

（4）水流平缓。高杆船表演需要表演者拥有相当强技巧性，以在高杆上掌握平衡，因为是在船上表演，要求船保持平稳。表演者能掌握竹竿有规律的晃动，但如果水速较快，船就很难保持平稳，因为起伏较大，船上的高杆很容易出现不规律抖动、摇晃的现象，这会给表演者造成极大影响，从而产生危险。

历史上高杆船技表演的地点多为以下九处：马鸣庙东侧漾口、芝村龙蚕庙前、富墩、洲泉南市梢漾口、杨西浜、含山、识村湾里、天皇殿、双庙渚，这些地方都位于洲泉镇。其中马鸣庙东侧漾口是目前已知最早表演高杆船的地方，位于夜明村杨西浜被认为是高杆船的发源地。以前杨西浜和双庙渚这两个地方是重要的高杆船表演场地，但现在的高杆船已不在夜明村表演，主要在清河村的蚕花水会上以及在乌镇表演。

3. 表演道具

高杆船技是一种属于民间自发的群众文体活动，里面要用到的道具均是就地取材，主要有农船、石臼、毛竹、升箩、白丝绸条（或棉绳索）、木板（或排跳）、箨竹、转杠、大蒲团（或小废轮胎）、红绸布、炮仗等。

农船。需要两条大小、式样、吨位基本相同的船，长二丈八尺，宽八尺，深二尺八的梢船最为合适，这种船空间大、载重大、稳定性较好。

石臼。农村里打年糕用的，直径约 1 米，高约 8 公分，重约 400 斤，外表要求圆浑无残缺，底部厚。它的作用为固定高杆，不让高杆的底部乱动以及压船以平稳船只。

毛竹。即要使用的高杆，也称为"总竹"或"蚕花竹"，它是所有道具中要求最高、最严格的。它的长度和宽度基本固定，高约 5 丈多，底部宽约 5 寸，采伐需要连根带顶的一整根。树龄约在 3~4 年之间，因为三年以下的毛竹太嫩，柔韧性很强却容易折断，4 年以上的毛竹太老，韧性太差不易弯曲，很难达到表演要求的与水面保持水平，若勉强压平竹竿则很容易产生断裂。要将总竹除顶部外的枝丫全部剔除，用刀把竹节剔平再用砂纸将凸出部分打磨平滑，避免表演者表演时划破手掌或脚掌影响发挥。为了避免刚砍的毛竹遭受太阳照晒，人们会把毛竹藏在杂草丛生、矮小植被多的地方。

升箩。即百姓家中去掉底板的升箩，需要一大一小两只。大升箩套在总竹的中间约 2.5 丈处，小升箩约在 4.5 丈处，两个都用篾竹（把劈成条的竹条劈薄，可用于编织或当作绳子用）套住固定。两个升箩之间的区域为表演区域，大升箩之上的总竹会因为表演者体重的原因开始倾斜，小升箩之下则是总竹能承受一般表演者体重的极限处，表演者可根据自身体重在这个表演区间进行自我调整使总竹上端与水面平行。

白绸条子。长约 5 丈多，宽约 20 公分多，有拷边的丝绸。因为没有拷边的丝绸容易滑丝，丝绸的宽度不够，强度不足，难以承受表演者在上面做各种动作，两者都很容易导致丝绸在表演时断裂。

木板（或排跳）。长约 3 米，宽约 30 公分，要求平直、坚固、无断裂，数量以铺满两条农船的船舱为准。

牮竹。4 根长约 3.5~4 米，粗约直径 4 寸，长度相同的毛竹，最好取毛竹的中段，这部分毛竹的首尾两端粗细差别不大。四根牮竹的作用是与大蒲团做成一个固定总竹下端的四脚架，使下端的毛竹保持直立不弯曲。

转杠。需要两根，长约 1.5 米。将转杠一端捆扎在总竹下端，距木板搭的平面约 1.2 米左右，大概在男子腰部的位置，在表演某些动作时由下面的两人如推磨般使总竹旋转得以增加表演难度，同时竹梢上的竹枝和红绸带会因为转动发出响声给人带来视觉和听觉上的触动从而增强惊险性和观赏性。

大蒲团（或小废轮胎）。以前多用麻绳扎成一个大蒲团，蒲团中间留有一个和总竹粗细差不多的小孔的。现在多用废弃的小轮胎，然后用草绳（用干燥的稻草按照三股辫的编法编成长绳）紧紧地把轮胎一圈一圈地绕起来，直到中间的洞和总竹的粗细差不多。

红绸布条。1 条，系在竹梢顶部有竹枝处，因为颜色醒目可以增加观赏性，同时还可以帮助观测风向。

炮仗。多个，在表演中途燃放，表演者在爬上高杆时会叼一杆烟，在做某一个动作时会用烟点燃炮仗以营造气氛增加惊险度。

4. 检修道具

因为大多数道具都是农村易得且经常使用的，所以对于所准备的道具要一一检修，不容一丝差错。农船主要是检查是否漏水，如果有漏水的地方，要及时修补。石臼不能有裂痕，要把石臼内外侧的污泥清理干净，以免石臼在表演期间破裂或者因污泥造成滑动。总竹和牮竹绝对不能有虫蛀或霉变现象，同时要把总竹竖立起来用绳子系住竹梢处往下拉，以测试总竹的柔软性。总竹每年都要用新的，因为经过长期露天放置，总竹很容易断裂，韧性也大不如前。白绸条不能存在虫蛀或霉变，要完整无杂色，最后还要几人合力拉扯以检查它的强度。大蒲团则要检查草绳是否有松散、断裂的情况。

5. 拼装船杆

将两条农船摇到岸边并排停泊，抛缆让船固定不动。先把两根较坚固，长度超过两艘并排船宽度的竹竿横放在靠近船首尾的两端，然后用绳子从船底绕过将竹竿和船牢固的捆绑在一起，最后用木板或排跳整齐的横铺在两个竹竿之间的区域，要求搭出的面像搭舞台一样平整，最后把两根竹竿竖放在排列好的木板两侧，用绳子加以固定，避免木板滑动或翘起来。

用刀将牮竹竹节的凸出部分剔平，牮竹上端穿过轮胎并折裂使其将轮胎包住，并用绳子将折过来的竹子与原本的竹竿绑在一起，为了更捆绑得牢固不松动，可以在捆绑竹竿的缝隙间插入合适的木块。其他三根牮竹按照相同的方式分别固定在轮胎的三个角，四根支开能成为一个平稳的四脚架。然后用草绳（用干燥的稻草按照三股辫的编法编成长绳）一圈一圈地缠绕轮胎至轮胎中间的洞比总竹略粗，草绳要将四根牮竹分开而且要必须紧实地围绕轮胎，不能松散，否则卡在草绳中四根牮竹容易左右滑动。圆形的竹子用绳子捆绑容易上下滑动，而且很难捆紧，为了方便捆绑，固定底端，四根牮竹的底侧要用刀开个刻印或者方形的洞。

接下来是测试总竹的柔软性。四人抬牮竹和蒲团的组成部分，上端两人抬，下端一人扛两根牮竹，两人扛总竹，一人拿要用的木棍和绳子，将道具搬运到附近的农田。将大升箩套在合适的位置，然后总竹穿过蒲团中间的洞，在竹梢附近以及蒲团处系上长绳。先在两只牮竹底部的地面上用木棍打桩，然后用绳子将牮竹和木桩捆绑在一起，避免拉动顶端时底部移动过大。一人向后拉动系在蒲团处的绳子使上端的牮竹和蒲团抬起，两人各站在一只与木桩绑在一起的牮竹下面辅助使牮竹慢慢竖立起来，牮竹竖立到一定程度时另外两人将剩下两只牮竹的底端移动到合适的位置使支架完全撑开，此时在中间的总竹底端没有固定，整个竹子处于倾斜状态，需要一人抱着中间的总竹底端使劲让总竹底端回到四角的中间，然后把木桩打在旁边用绳子固定，其余两角同样如此，这时整个支架就完全被撑开、平稳地固定起来。一人拉住系在竹竿上的绳子用力往下拉，反复几次。把化肥口袋装上泥土，用竹竿上的绳子将口袋绑住观察袋子是否悬空，若袋子着地则倒出一些泥土来反复试验，直到袋子悬空，上方的竹竿与地面保持水平。这是当地通过模拟人在高杆上的表演状态以测试总竹韧性的方法。

最后拼装整个高杆船。将所有的道具用货车运到船停泊处,四人将石臼抬到拼接船搭好的平台中央,在总竹上套好大小升箩,系上红绸布条。其余步骤和测试总竹柔软性的动作一致,只是陆地上是用绳子将牮竹和木桩绑在一起固定,而船上则是将牮竹与铺平台的木板或与形状便于捆绑、较重的石块绑在一起固定,总竹用石臼固定。最后将两跟转杠捆在总竹下端,约为成年男子站在平台上腰间的高度。

6. 服饰

表演者的服饰为上衣下裤以及一根腰带。表演者想要更好地在高杆上保持平衡,服饰得轻薄,皮肤尽可能与高杆直接接触最好。为了轻便利索,上衣本是短袖单衣,裤子为直筒长裤,但清明时期气温不算很高,加之高杆上的风较大,所以现在大部分表演者的衣服使用的都是长袖上衣。服饰的布料以棉布为主,因为棉布保暖吸汗、柔软轻薄,可以最小影响表演者身体对竹竿的接触与控制。按照老的传统,表演者的衣服统一使用白色,忌讳用红色,因为白色是健康蚕宝宝的颜色,只有病蚕才是红色或其他颜色。为了满足当代人的欣赏需求以及区分不同的表演人,如今服饰的颜色已经不局限于白色一种,而且还增添了各种样式的花纹。这鲜明反映了当前高杆船技现以表演性为主,因蚕桑产业的衰落人们的信仰观念逐渐淡泊。

(二)动作介绍

在表演前,表演者不可喝酒、吃得太饱或劳累过度,要做一些热身运动以释放压力、放松肌肉、拉伸韧带等。清明时节的气温不高,又因为高杆上的风比较大,表演者在高杆上很容易因为冷而出现手脚麻木不灵活的情况。所以表演前一定要热身到身体微微出汗,以激发身体的灵活状态和对气温的适应能力。船上需要四人在旁看护。一人把控船只在河道中央,一人站在石臼边避免总竹下端不稳定,其余两人一左一右在木板上观测表演者的情况,表演者一旦发生意外突然坠落,他们要在表演者落到船上前将其推入水中以降低伤害。

待所有事物准备齐全后,表演者利索地爬上牮竹,将牮竹捆绑的地方作为脚点爬到总竹与牮竹交扎的大蒲团上,站在蒲团上将总竹倾斜的方向调整到船两侧的方向,之后表演者继续向上爬,直到站在大升箩上。当表演者越过大升箩，总竹就会开始倾斜，所以表演者可以站在大升箩上等候、蓄力以准备开始表演。

高杆船技的动作有顺撬、反撬、倒扎滚灯、硬死撑、扎脚背、扎后脚、扎脚踝、咬大升箩、咬小升箩、围竹、捐竹、躺竹、反张飞、田鸡伸腰、蜘蛛放丝、立绷、躺丝、扎后枕头，达 18 式之多，全套表演动作经历了由简单到复杂、由平易到惊险的过程。以下动作为根据前人的资料以及我们实地调查与屠松根访谈而得。

顺撬。表演者双手握住总竹，一手正握，一手反握，身体舒展与水面垂直，此时姿势类似于引体向上的起势。片刻后，表演者双臂迅速发力，身体开始向上走，此时弯曲双腿，使身体呈弯弓状，借助向上的惯性以及腰腹发力向前做旋转状使身体下部分往竹竿上方走，让身体围绕竹竿翻一圈。旋转速度越快，能翻的圈数越多。整个动作要一气呵成，动作越慢越费力。大部分表演者会将这个动作作为第一个开场动作。表演者会从大升箩处迅速向上爬到适合自己体重的位置，然后松开双腿，此时竹竿因重物快速移动而大幅度晃动，引起观众阵阵惊呼。待竹竿稍稍稳定，表演者便利索地做一个顺撬，来一个精彩的开场。

反撬。准备姿势为双手正握竹竿，双腿弯曲用膝盖后窝即腘窝处勾住竹竿，此时上半身与水面平行，整个身体呈"Z"状。待准备好后，缓缓放开双腿，当上半身朝下，合并的双腿几乎与水面平行时，双腿迅速向后使力，同时腰腹向前挺直使身体呈弯弓状。这时上半身还处于倾斜向下的状态，要靠臂力把身体向后推，然后借助下半身的重量把身体往下压，就围绕竹竿绕了一圈。顺撬是正面对着竹竿旋转，而反撬是背对着竹竿旋转，所以动作更加困难惊险。

坐竹。在反撬这个动作完成之后，表演者顺势找到合适的位置坐到竹竿上。这时必须保持平衡，切忌左右失衡，然后双手相叠放在脑后，不出力，如果身体重心不稳就要依靠双脚的力量去紧紧勾住竹竿。

硬死撑（硬死鲳鱼）。首先双手正握竹竿，身体自然下垂，然后做顺撬的起势，让整个身体缩紧，逐渐头朝下，脚底朝上，再让双脚反向穿过两臂之间，双腿完全穿过去后，逐渐伸直腿并使整个身体竖挺笔直，与总竹成垂直状，坚持时间越久的人力量越强。这个动作相当费力，整个过程全身要紧绷用力，动作又缓慢，最主要的全靠臂力支撑，若臂力不是特别强健的人根本做不出这个动作，所以叫做"硬死撑"。屠松根做这个动作则是用反撬的准备姿势然后慢慢使身体绷直与总竹垂直。

反张飞。在"硬死撑"的基础上，一只手放掉，单手伸到竹竿前面反手抓住竹竿，然后双脚离开竹竿，竹竿在上，人在下，呈现一个反手抓竹竿的姿势，身体就像人被反绑的一样，所以取名为"反张飞"。因为着力点只有握竹竿的那只手，所以这个动作要求表演者自己的身体有极强的控制能力。

顺张飞。与反张飞相反，人在竹竿上面，手从前面握住竹竿，双腿放掉，单手抓住竹竿，并且身体保持平衡。

睡竹（躺竹）。表演者上半身平躺于总竹上，头枕总竹，面朝天，四肢自然张开斜挂。此时表演者身体尽量放松不要用力，因为肌肉处于放松状态能更好地让身体更好地躺在竹上掌握平衡，一旦发生倾斜，必须迅速用双脚勾住总竹。这个动作主要是考验表演者的平衡能力。在这个动作表演完后屠松根会突然让身体往左侧滑落，让观众误以为落下竹竿，然后右手顺势将竹竿搂住，再做一个顺撬来一个连贯的过渡，最后平稳地坐在竹竿上，让观众连连叫好。

竖直挺。双手紧握总竹，头朝下，腿朝上，使身体保持笔直，从下往上看，人就像竖立在竹竿上。这个动作相对比较简单。

勾脚趾。双手握住竹竿，伸一只脚勾住竹竿，待准备好后缓缓放掉双手，然后将另一只脚也勾在竹竿上，再利用脚趾的力量勾住竹竿使身体自然倒挂。屠松根在上高杆前会叼一根烟，插一根炮仗在腰带间，然后在做这个动作时用烟点燃炮仗。这个动作难度很大，要求表演者灵活地运用脚趾的力量，稍有不慎，就会从竹竿上掉下去。

扎脚背。脚趾紧绷用力使脚面弯曲，用脚背勾住竹竿，身体自然倒挂，头朝下，双手自然下垂，依靠脚背和下半身的力量不让自己掉落下来。

张飞卖肉（扎脚踝）。双脚交缠仅至脚踝处来缠住总竹，此时总竹在两个小腿中间，身体自然垂直倒挂。

赤豆壳。表演者用右脚勾住竹竿，左手抓着竹竿，并放掉右手和左脚，并用力伸直。

单脚板。在双脚板的基础上，再放掉一只脚，一只脚勾住总竹，身体自然挂直。屠松根一般是挂右脚，这个动作也只有他敢做。这个动作非常考量表演者的胆识和技艺。

挂脚跟。两腿伸直，脚尖向上，两只脚后跟绞住总竹或勾住总竹，双手抱住大腿，头朝水面。

田鸡伸腰。准备动作类似反撬，但只用一条腿勾住竹竿，然后用脚背至脚踝处抵在竹竿下侧，上半身自然向前倾，大小腿逐渐折叠并从总竹下面、双臂之间穿过，此时，脸朝水面，双手呈反握竹竿的状态。在观看者眼中，表演者就像田鸡跳跃之前的姿势，所以称为"田鸡伸腰"。这个动作要求表演者把握好时机，动作要一气呵成。

倒扎滚灯。双手先伸过头顶紧握竹竿，双脚缠住竹竿让身体保持平衡平躺在竹竿上。然后以竹竿为轴旋转，旋转时，总竹会剧烈抖动。做这个动作时躺在竹竿上的表演者必须得保持好平衡，因为这时表演者双手叠在脑后，一旦身体左右摇晃脱离竹竿而失去重心，就要快速用双脚勾住竹竿。

围竹。通过双臂弯曲用腋下夹住竹竿，双手紧握用力，依靠双臂和身体形成的夹角挂在竹竿上，然后以竹竿为轴进行翻滚，翻转时弯曲双腿。一般先向顺时针方向翻转，再按逆时针方向旋转，翻转的次数越多、速度越快，表演越精彩。

扛竹（掮竹）。先手握竹竿，让一边的肩膀抵在竹竿上，此时用双腿保持全身平衡，然后缓缓让双腿离开总竹，让双手和肩部作为保持平衡的点，在身体适应这个状态后慢慢将双腿向上伸直，直到竖起双脚，头朝下，以身体笔直为佳。观众从下面看，就像竹竿被表演者掮着，所以称为"掮竹"。表演时，表演者只有一个肩膀掮在竹竿上，身体容易发生倾斜，所以需要用双手握住竹竿分散肩部的压力。如果表演时风太大，这个动作很难做成功。

咬大升箩。大小升箩之间的区域是表演的范围，但因为表演者体重不同，不同表演动作对竹竿的需要不同，在竹竿上的表演者会重新调整两只升箩的位置。表演者先在大升箩和小升箩间爬行感受竹竿承受自身体重的状态，然后头在下，脚在上，用牙齿咬住升箩并慢慢移动身体，直到竹竿与水面水平。

咬小升箩。咬完大升箩后翻身使脚在下，头在上，然后去咬住小升箩并移动到合适的位置，以竹竿不下垂为标准。为了增加惊险度和观赏性，表演者会故意向竹梢的方向多爬，竹梢因为突然增加的重量猛然下垂并晃动，整个竹竿成抛物线状，表演者在竹梢上垂垂欲坠。待表演者爬回大小升箩中间时，竹竿又会回归水平。

蜘蛛放丝。表演者将准备好的双股白绸条绑在大小升箩中间，绸条自然下垂。表演者双手各拿一股并用脚缠住，然后突然松手，身体笔直下落，在快要落入水中时紧握绸条，此时竹竿因为骤然出现的重量猛的下沉然后又狠狠的向上反弹，表演者在空中一上一下，稍不注意就会被甩下去，十分惊险。

立绷。做完蜘蛛放丝后表演者站在双股的绸条上，拿着绸条的双手撑开绸条伸直，绸条此刻会呈现菱形，若绸条较长则为红缨枪枪尖的形状。这时表演者要笔直站立，在空中才不会抖动。为了增加观赏性，表演者会做出各种动作让竹竿起伏摇摆。

躺丝。类似于躺竹，表演者将绸条套在腰间位置，然后放松四肢，仰躺在绸条上。因为躺在丝绸上，所以称为"躺丝"。

扎后枕头。表演者仰起头用后脑勺及脖子处吊在绸条上，身体自然下垂。

三、高杆船技的发展现状

（一）现状与原因

高杆船技的核心文化即蚕神信仰，它由蚕神信仰衍生而来，自诞生以来直到今天，它的发展和延续与蚕神信仰休戚相关、不可分割。它在今天的衰落也与蚕神信仰的式微脱不开干系。高杆船技与蚕神信仰仿佛鱼水之交，在传统社会蚕桑业高度繁荣的时期，高杆船技作为娱乐活动寄托着劳动人民的信仰，起着沟通人际、娱乐等许多作用，受到人们的追捧与喜爱，是蚕农生活中不可分割的一部分；在如今传统社会高度剧变的今天，高杆船技受到各种因素的影响，表演团队和表演人员已极大减少，能够将动作完整表演出的人员也只剩一两人，甚至可以说，高杆船技已濒临失传。

高杆船技濒危的主要原因就是蚕桑业的衰落。现代社会与传统社会不同，不再是由农业占经济主导，蚕桑业的唱腔日渐嘶哑，桑园面积日渐减少，当地人口由农业自然流向工业，蚕桑业在农民收入来源、地方经济、中央财政中的重要性日渐减弱，城乡一体化的步履不停。尤其桐乡在改革开放以来，已经由农业产业支柱转变为工业产业支柱。高杆船技的主要集中地——洲泉镇的工业水平也较为突出，其五大支柱产业橡胶、化纤、机电、鞋业、丝绵正云蒸霞蔚，发展良好。像许多转型的地区一样，农业、蚕桑业对历史舞台光源中心的告别是社会进步和历史变迁的必然，这也意味着依托在蚕桑业的蚕神文化和其表现形式高杆船技正在失去发展的根系。

正如前文所述，蚕神崇拜的一大原因是对种桑养蚕缺乏科学认知。在今天，科学知识与观念已经广泛传播，义务教育早已普及，高等教育也走进千门万户，我国人口教育程度和知识水平获得极大提高，人们在生产生活中遇到问题会使用科学逻辑思考，寻求科学办法的帮助。生物学界也对蚕桑病虫害有了系统分类，对造成病虫害的原因有了明确认知，有了具体有效的解决办法。人们不再只能通过祭拜神灵祈求一年的风调雨顺，蚕桑丰收，平安顺遂。脱离了懵懂的人类特定发展时期，蚕神信仰自然失去了基础。并且科技发展提供了蚕桑行业西移内地的可能。在东部建设用地紧张的情况下，蚕桑西移可以为工业、住宅等用地腾出空间，也可以降低蚕桑业成本，像洲泉这样的城镇从而可以从云贵等新蚕区购买原料，全力发展支柱产业之一的丝绵产业。

传统村落社会的瓦解变革使高杆船技的表演传播出现了一些困难。传统村落中村民聚族而居，清明时节以村为单位，由青壮年来表演高杆船技。村落中基本上都是务农人口，有集中统一的富余的农闲时间来参与乡村娱乐表演活动。但是现在青壮年多进入城市务工或离开家乡读书工作，人员流动加大，务工也不再有传统的农闲时间，没有充裕的时空条件进行高杆船技表演。高杆船技的参与人员成了一大问题。而且工业化、城市化改变了青少年的成长方式和家长们的育儿观念，孩子们不再下河摸鱼上树摘果从小接触高杆船技，家长们更加注意到高杆船技存在的一定的危险性，对于子女学习高杆船技会有顾虑。高杆船技离现代人的生活难免会越来越远。

像许多传统艺术一样，高杆船技这样的民间杂技表演受制于时间空间的限制，而且传统的表演形式难以吸引年轻人的注意力。在这个互联网高度发达的时代，人们在娱乐方面有更多的选择，有各种各样的娱乐方式与娱乐产品，互动性、娱乐性特别突出，精神生活的内容高度丰富，传统文化的生存空间愈加狭小。

（二）高杆船技展现状

关于高杆船技表演活动在今天的具体情况，可以从表演团队的运作模式角度来探究。目前从事高杆船技表演活动的团队共有两种类型：一种是以屠荣祥的弟子罗华文为代表的一类人。他们受雇于某一特定机构，在固定的表演场地进行表演来获得劳动报酬，并不是只有特定节日或特定活动才表演，而是常态化的高杆船技演出。另一种是以屠松根及其弟子为代表的一类人。他们的表演模式与传统社会高杆船技表演的模式一致，即平时主要从事自己的工作，例如务农、经营个体商户等，只有在各地有庙会等活动的时候会去进行表演。接下来就简单介绍一下这两种类型的代表。

1. 乌镇的表演

正如前文所说，罗华文目前在乌镇景区进行表演，是与乌镇旅游公司签约的固定表演者。高杆船技在乌镇景区的固定表演地点是乌镇东栅景区财神湾，表演时间是上午10:30—下午2:30，一次表演的全程大概是半个小时。据悉，罗华文已经公开表演了七年多。除了在乌镇景区的常规表演，罗华文本人也接商演，还参加过一些其他的关于高杆船技的表演或活动，2019年他曾响应"非遗进校园"的号召，受邀去乌镇民合小学教授学生，传播高杆船技非遗文化，2016年，他走上乡村大世界的舞台，将高杆船技宣传到更广阔的范围。罗华文的弟弟罗华锋也是高杆船技表演者，罗华锋在南浔表演，受南浔古镇旅游发展有限公司雇佣，曾有一次在表演时因竹竿断裂摔伤头部和手掌，经过及时治疗已无大碍。

2. 洲泉各地庙会上的表演

屠松根和他的两个弟子陆敏杰和史佳杰基本上在洲泉镇的清河村双庙渚等地表演，主要是在庙会等场所进行，即清河村的双庙渚蚕花水会。蚕花水会最初称为"蚕花庙会"，也叫过"清河水会"等名称。"农船装设旗帜，鸣金击鼓，齐集龙蚕庙前，谓之龙蚕会，亦击鼓祈蚕之意。"这是典籍中对于蚕花水会的描述。屠松根等人平时有自己的工作，比如说，屠松根和妻子一起经营着一家面店，也比如前文提到的，陆敏杰在码头公司有一份忙碌的工作。

清河村在洲泉镇的东部，屠松根在1998年蚕花水会恢复之后连续参与了数次，高杆船技表演是活动上的压轴表演，也有许多观众认为，高杆船技是活动中最为精彩的部分，很多人赶庙会主要就是为了看高杆船技表演。

除了水上的表演，屠松根在2012年到2015年间，也参加过几次陆上的高杆船技表演，包括桐乡市春晚和一些比赛，遇到过一些在陆上表演的意外情况，最终无甚大碍，也在比赛中取得了一些优秀的成绩。

近几年，屠松根的年纪越来越大，身体大不如从前年轻有力，但是仍然在勉力坚持高杆船技表演，因为徒弟们还没有学会所有的动作，不能担当重任，说起这个，屠松根虽然也认为要循序渐进，但难免面露担忧之色。

（三）政府的保护

在这个文化内容高速更迭的时代，保护、传承高杆船技有其必要性。高杆船技流传至今，已经是桐乡蚕俗文化的重要代表形式之一。古往今来传播度广，老少咸宜，深受广大蚕民喜爱与珍视，历史底蕴深厚，积淀着中华民族先民的智慧与历史的厚度。并且高杆船技表演形式独特，风格突出，很有民俗等领域的研究价值。除了历史文化色彩，高杆船技本身就是一种强身健体的表演型运动，也有学者称它为"水上杂技、现代体操的雏形和民间版的单杠表演"。从这些角度来说，并非可以任高杆船技这一优秀中华传统文化随着传统蚕桑业和蚕神信仰的衰落而消亡，高杆船技值得保护、传承与研究。

在这一情境下，各级政府皆采取了一些有效的保护措施，以下是简单梳理：

高杆船技进入各级非物质文化遗产名录。2009 年，高杆船技通过浙江省政府的批准，入选第三批省级非物质文化遗产名录。2011 年，经国务院批准，高杆船技入选第三批国家级非物质文化遗产名录。

浙江省人民政府充分重视非遗保护与传承的政策导向，贯彻学习联合国教科文组织于 2003 年通过的《保护非物质文化遗产公约》和 2005 年颁布的《保护和促进文化表现形式多样性公约》以及国家文化部于 2008 年发布的《国家级非物质文化遗产项目代表性传承人认定与管理暂行办法》全国人大常委会 2011 年颁布的《中华人民共和国非物质文化遗产法》等多项政策性文件，做出一系列有效措施。正如部分学者所说，浙江省非遗工作已经展现出了"浙江特色"，形成了"浙江经验"。

首先，在全省开展普查落实，建设非物质文化遗产保护名录，推进非物质文化遗产形成国家、省、市、县四级保护名录。将普查数据全部纳入省数据库，建档管理。据悉，浙江省普查项目共有 15 万项。并且颁布一系列相应的省级政策文件，指导各级部门工作。增加非物质文化遗产保护项目的资金投入，全力支持地方部门的非遗工作。在省内建设一系列非遗馆和非遗保护基地。

同时，在浙江省"非遗薪传"浙江传统体育展演展评系列活动上，省级部门为"高杆船技"国家级传承人屠荣祥颁发浙江传统体育传承"特别贡献奖",为桐乡市非物质遗产保护中心颁发最佳组织奖。

嘉兴市文化局曾发布的"嘉兴市非物质文化遗产保护发展规划",进一步明确了嘉兴市非物质文化遗产保护传承工作的指导思想、基本原则、工作目标、保护范围和保护对象,使高杆船技保护传承工作有了坚实的工作指南,为本市非遗高杆船技保护传承工作筑牢思想基石,强化指导地基。文中提出着重坚持"保护为主、抢救第一、合理利用、发展传承"的工作方针,为非物质文化遗产的有效保护和持续发展提出四项基本原则,即"长远规划、分步实施原则;政府主导、社会参与原则;点面结合、讲求实效原则;属地管理、分级保护原则",对高杆船技保护传承基层工作有较为现实的指导意义。

为非遗保护工作确定的具体目标是:

1)构建非物质文化遗产资源保护体系。

2)构建非物质文化遗产制度保护体系。

3)构建非物质文化遗产平台展示体系。

4)构建非物质文化遗产宣传推广体系。

5)构建非物质文化遗产产业运作体系。

这五个具体目标较为科学全面,使高杆船技保护工作中的具体举措的工作方向更加清晰。

嘉兴市的重点工作措施为:首先响应省级号召,进行摸排查实,方便全面掌握非物质文化遗产资源。普查配备专业工作人员和数码摄像机、录音机等专业设备,灵活运用文字、录音、录像和数字化多媒体等各种方式记录,并将其妥善整理建档。包括桐乡市在内的嘉兴蚕桑丝织文化生态区进入嘉兴市重点扶持的非物质文化遗产生态保护区名单,"清明节·桐乡市洲泉镇清河村双庙渚·蚕花水会"进入嘉兴市重点扶持的民族传统节日保护地名单,"高杆船杂技"进入嘉兴市重点扶持的非物质文化遗产保护项目名单中的桐乡市一栏,桐乡市非物质文化遗产陈列馆进入嘉兴市重点扶持的非物质文化遗产综合性展示场馆。

对于进入非遗名录的项目,要求确定传承人。鼓励有条件的地方建设相应的传承教学基地,也鼓励传承人或者传承单位开展非遗教学传习活动。在市、县、镇三级积极开展传统节日的活动、民间文化艺术节活动和各种文艺汇演等。后文中会描述高杆船技保护传承中地方部门实施的与这些指示相对应的具体措施。

　　桐乡市一直以来都注意加强机构建设，设置专门保护责任单位，合理指导镇（街道）文化站工作。桐乡市注重非遗保护机构建设，有桐乡市非物质文化遗产保护中心，市内还有浙江省首个村级非物质文化遗产保护工作站。2009 年，桐乡市政府将洲泉镇的夜明村确立为高杆船技的发源地，夜明村的村委即高杆船技的保护责任单位，承担着作为保护主体的重要责任，在基层岗位上切实落实各项措施。桐乡市人民政府办公室还多次指导镇文化站的标准化建设，2009 年曾印发过《关于进一步加强镇（街道）综合文化站标准化建设的实施意见》，点出实施镇（街道）综合文化站标准化建设的重要意义，从市政府层面明确镇（街道）综合文化站的性质和职能，提出许多切实的指导意见，比如：加强标准化建设的保障措施；扎实推进标准化建设的主要任务和具体要求等。在上级政府切实指导下的洲泉镇文化站在高杆船技的保护传承的具体举措实施中发挥了很大的作用。

　　加大资金的投入。2008 年起，桐乡市开始设置非遗保护专项资金，年投入 30 万专门用于非遗保护工作，助力非遗保护传承工作顺利开展。2017 年制定《桐乡市非物质文化遗产代表性传承人补贴实施暂行办法》，给与传承人相应补贴，增加对传承人的保障保护，让包括高杆船技传承人在内的传承人们更好地传承非物质文化遗产。

　　翔实细致地进行记录，灵活运用网络、杂志、电台等新媒体和传统媒体渠道进行广泛宣传。通过多种形式对高杆船技的方方面面进行全面系统、翔实细致的记录、整理、梳理、研究，妥善存档整理成果——文稿报告或论文、录音、视频等，并进行成果共享，有效避免研究成果丢失。例如，配合中央电视台拍摄高杆船技的节目，出版高杆船技的非遗项目保护书籍。也从多个维度进行广泛宣传，运营微信公众号平台，开发专门网站等，增加高杆船技的知名度，增进人们对高杆船技这一优秀传统文化的了解和认识，让高杆船技通过新时代的宣传焕发新的活力，让当地人为家乡的高杆船技这项重要的国家级非物质文化遗产而自豪，提高他们的文化认同感和归属感。

　　洲泉镇文化站作为落实单位，积极采取了许多具体有效的措施，用实际行动将上级部门的决策部署贯彻到位。根据浙江省人民政府官方网站公开的政务信息，2018 年，洲泉镇文化站作为主办单位，开展迎国庆非物质文化遗产展示活动，筹划了包括高杆船技水上表演在内的多项丰富有趣的活动内容，体现了非物质文化遗产保护中"见人见物见生活"的真挚理念。2019年，洲泉镇文化站同样作为主办单位，与承办单位清河村村民委员会、马鸣村村民委员会相互配合，开展洲泉镇蚕花水会活动，分别准备了水上活动和岸上活动，还在马鸣村将军湖进行了高杆船技表演。充分展示了江南水乡的特色蚕俗民俗文化。

除了近年来举办的这些利民文化活动，洲泉镇文化站和上文中提到的桐乡市人民政府确定的高杆船技保护责任单位夜明村村民委员会早在十几年前就落实了许多基础性的高杆船技表演准备工作。2009年，两单位共同建立起一支正式的表演团队，屠荣祥为高杆船技代表性继承人，屠松根、李明忠、屠银浩等人为团队成员。洲泉镇文化站和夜明村村民委员会除了"定睛现在"外，也注重"着眼未来"。在2011年，他们就开始选择高杆船技第三梯队后备成员，在与学生本人、学生家长、当地学校协商后，从学校挑选培养了五位青少年作为高杆船技的传承人定时学习、训练高杆船技。这5位初中学生都经过一定的体能选拔，身体素质有一定的基础，对高杆船技有相应的兴趣，尚小的年纪也让他们能够有足够的时间接受、学习高杆船技。同时也考虑到学生家长对于高杆船技危险性的顾虑，相关部门做好善后工作，为他们购买人身保险，解除后顾之忧。洲泉镇文化站和夜明村村民委员会也解决了训练场地和表演场地的问题。高杆船技陆上训练基地于2012年在杨西浜建立，有相应的配套基础设施。双庙渚成为清明节蚕花会永久会址，位于湘溪公园内河道的表演场地用作平时演出。这样就基本满足了不同表演规模的不同场地要求，为高杆船技提供了更好的传承传播环境，释放蚕桑文化的活力与生命力。

四、高杆船技艺人的生活史

（一）高杆船的传承谱系

高杆船技的表演者都是当地土生土长的普通农民，他们以农为生，只有在清明节举行蚕俗活动时才来表演。因为农民大多不识字也不懂记录，所以民国之前关于高杆船技表演的事仅为民间口头流传，没有文字记录，直到胡华六因在解放战争中荣获"战斗英雄"称号被收入《桐乡县志》"人物卷"，留下他的生平事迹，才有了关于高杆船表演的第一份文字记录。

根据前人文献记录、实地调查与采访，高杆船的传承谱系如下所示。下面列出的在世传承人有的因年纪过大不能再从事表演，有的因为生活问题找了别的工作或者离开家乡不再从事这种表演活动了。目前，屠松根为传承高杆船技的核心人物。

屠美生（1884—1957 年）夜明村杨西浜人，业农。

车金寿（1899—1955 年）坝桥村车家里人，业农。

车子方（1907—1969 年）坝桥村车家里人，业农。

车阿强（1909—1973 年）坝桥村车家里人，业农。

屠明庆（1909—1990 年）夜明村杨西浜人，业农。

史子寿（1920—2006 年）夜明村杨西浜人，业农。

屠子兴（1923—1988 年）夜明村杨西浜人，业农，最拿手的绝活是表演蜘蛛放丝。

屠掌福（1923—2005 年）夜明村杨西浜人，业农。

史松源（1927—2010 年）晚村村南塘桥人，业农。

车顺祖，1930 年生，卒年不详坝桥村车家里人，业农。

钱家虎，生卒不详晚村村湾里人，业农。

车松林，1931 年生，坝桥村车家里人。

唐生奎，1932 年生，坝桥村屠家坝人。

薛春荣，1933 年生，夜明村薛家坝人。

屠金林，1946 年生，夜明村杨西浜人，1956 年在表演时失手，跌入河中，腰骨严重损伤，后经医治恢复，但不再从事高杆船技表演。

钱金明，1945 年生，晚村村湾里人。

屠雪荣，1945 年生，夜明村杨西浜人。

屠桂松，1957 年生，夜明村杨西浜人。

屠荣祥，1950 年生，夜明村杨西浜人。

屠松根，1966 年生，夜明村杨西浜人。

屠银浩，1966 年生，夜明村杨西浜人。

屠武兴，1968 年生，夜明村杨西浜人。

李明忠，1971 年生，夜明村杨西浜人。

胡华六（1917—1988 年），崇德县（今属桐乡县）晚村乡夜明村薛家坝人。因家庭贫困，8 岁就给地主家放牛，19 岁做长工，四年后返家与父亲共租 3 亩田务农并以此为生。胡华六自幼便善长高杆船技，能爬到数丈高的竹竿顶端，还能表演顺撬、反撬、张飞卖肉、蜘蛛吐丝等动作。在每届的迎神赛会中胡华六的表演都精彩绝伦，因为技艺超群，乡里的人们称赞他为"高杆阿六"，胡华六也因这门技艺闻名县内外。1949 年初，他被国民党抓为壮丁，两月余后从湖南逃回家乡，在中途因机缘巧合加入了中国人民解放军。在解放军猛攻钦州却久攻不下时，胡华六携一把冲锋枪，八枚手榴弹，一根麻绳，借助长竹竿潜入城内炸碉堡，趁敌人内部混乱打开城门与外面部队里应外合，一举攻下钦州城。此战后，胡华六被授予"全军战斗英雄"的称号，之后又因屡立战功，1950 年再次被评为"全军战斗英雄"。1951 年参加中国共产党。1953 年，复员回乡。政府给他安排工作，他以自己文化程度不高难以胜任推辞，请求回家务农。1960 年前后，全国经济困难，胡华六坚持生产自救以为国分忧。1988 年去世，终年 72 岁。

（二）当代高杆船技艺人群像

1. 屠荣祥及其弟子们

屠荣祥，男，1950 年生，夜明村杨西浜人。屠荣祥的爷爷和父亲都是大有名气的高杆船技表演者，因为家里的长辈都有传承这门技艺，所以他家算是高杆世家。屠荣祥胆大心细，虚心好学，7 岁就跟着父亲学习高杆船技，十岁便随父亲去含山表演，在表演中父子俩大显身手，尽出风头。"文化大革命"前，他经常和父亲去含山、双庙渚等地的蚕花水会上表演，后来逐渐成为高杆船表演的主要组织者。那时含山的蚕花水会声名远外，屠荣祥的父亲那一代基本都是清明节到含山去表演。但现在含山那边的表演更倾向于商业化，为吸引游客对原本的表演改动颇多，逐渐脱离以前的传统。2000 年春，屠荣祥受乌镇旅游公司邀请在东栅景区财神湾为游客表演。2009 年，屠荣祥被评为第一批嘉兴市非物质文化遗产项目代表性传承人；同年 9 月，屠荣祥被评为第三批浙江省非物质文化遗产项目代表性传承人。自 2012 年屠荣祥就因年事已高不再进行高杆船的表演活动。屠荣祥的弟子罗华文，重庆彭水县。他是 2008 年接触到高杆船表演的，在 2019 年成为乌镇景区高杆船的培养人，目前已经练了十几年的高杆船技。他在景区表演的工资每月工资大概四千多，因为人在高杆上的时间不能太久，时间长了竹竿会承受不了，所以他是上午表演半小时，下午表演半小时。但高杆船表演对天气要求比较严格，下雨天或风比较大时不能表演，天气太热容易出汗也不能演。如果天气好，罗华文能一天表演一次，若天气不好一星期只能表演几次，所以他赚得也不多。这些年，他在传统套路动作的基础上结合体操和杂技等项目，自创了一些新动作。他希望能专门建立一个关于高杆船技的培养基地，让更多人和当年自己一样有机会学习高杆船技，并把高杆船技一代一代地传承下去。

2. 屠松根及其弟子们

屠松根，男，出生于 1964 年 8 月 13 日，洲泉镇夜明村杨西浜人，现在居住在湖州练市镇，目前他是高杆船最主要的表演者，也是高杆船界最有影响力的表演者。屠松根和屠荣祥是亲兄弟，出身在高杆世家，他也是从小就会高杆船。虽然那时在文革期间，高杆船表演已经暂停，但在个人努力和家中长辈的帮助下屠松根小时便熟知高杆船表演的所有动作，这为后期屠松根传承高杆船技打下来深厚基础。1982 年，屠松根入伍当兵。1987 年 1 月，屠松根退伍进入当地厂里上班。之后几年屠松根发现高杆船的表演大不如前，当时的人大多不愿学这个，而屠松根却想要把这门技艺复活。为了把高杆船的动作练好，甚至在家中装了一根钢管在屋中以供练习。1998 年夏，屠松根开始为高杆船表演做动作练习准备。1999 年，双庙渚水见屠松根他们动作做得挺好，便邀请他们去参加当年的双庙渚水会活动。那次表演十分成功，参与这次表演的人也因此成名，之后每年清明的蚕花水会都会让他们去表演。2015 年屠松根参加了北京卫视的《传承者》节目。当时北京卫视《传承者》来寻找高杆船技的表演者，镇上村里的人第一时间就推荐了屠松根去参加，因为在民众心中他就是桐乡运河上高杆船技的代言人。自从他在《传承者》节目亮相后，央视栏目组曾多次到桐乡和练市镇，专门拍摄屠松根和他的高杆船表演并拍成纪录片、专题片。2016 年国务院宣传部专门来拍纪录片。2018 年中央 10 台来拍《春风化雨化清明》。2019 年他参加中央电视台综艺频道（CCTV-3）在清明播出的特别节目《诗歌忆清明》，进一步展现并传播了高杆船的魅力。

关于高杆船技表演计划上，屠松根表示"没有组织、没有活动经费、没人管理，也没想过成立组织进行商演。"高杆船表演的同行之间没有组织进行管理，各自单独行事。平日缺少密切联络，举办水会时才会互相联系，通知大家提前练习技艺。在举行庙会时他表示愿意友情表演高杆船技，除了在庙会上表演和为宣传高杆船表演，屠松根几乎不参与商业表演，他最想要的就是把这门技艺传承下去。2000 年，乌镇旅游公司最初是想要邀请他去表演，但被他拒绝了。

在收徒弟方面，他指出如果想要把传承高杆船技延续下去，需要带徒弟进行训练，现在找徒弟不容易，传承难度大，找不到传承人，高杆船表演这个项目就会渐渐被人忘掉，而寻找徒弟最有效的办法是政府出面帮忙找。徒弟优选青年人，年纪在 20 岁左右的最好，因为年纪太小体重不够不能压弯竹竿。而且屠松根表示只要想学、有胆量上去表演就行，没有武术或杂技基础的要求。体格上，人最好要精瘦一些，臂力强一些，体力充足、胆子大、平时有体育锻炼的经验。同时他也希望政府能出面办水会。如果不开水会，屠松根自己不上杆表演，长时间后他自己也会在杆上做不出动作。屠松根多次表示想将这个技艺传承下去，说："高杆船沉睡了几十年，我花了那么多年好不容易让它在自己手里复活，不希望将来又慢慢消失。"屠松根想在 60 岁之前带好徒弟，因为现在他将全部动作表演出已经有力不从心的感觉了，他自己在家锻炼还行，但在杆上表演就觉得很吃力。

在 2018 年 10 月屠松根收了两个徒弟。大徒弟名叫陆敏杰，37 岁。当时他跟着屠松根练了半年，最后的考核定在 2018 年 10 月 1 日马明村举办的蚕花盛会，那时屠松根明确表示只要在高杆上成功做出几个动作便达到他的收徒要求。陆敏杰当时在一家码头公司工作，繁重的工作让他很少有空闲时间练习，而在少有的空闲时间里他也需要陪伴自己的两个儿子。同时陆敏杰在同年 5 月的表演中经历两次表演失败，和他一起学习的史佳杰表现很好，多重因素让他心理压力大增，不免自己担忧能否通过考验，但最后陆敏杰还是在国庆的表演中成功演出。陆敏杰与高杆船的结缘还要从他的大儿子陆宇哲说起，陆宇哲被屠松根表演所吸引，在屠松根表演之后便拉着陆敏杰去询问能否报名跟着学习，屠松根表示陆宇哲年龄太小臂力不够不适合学习，却询问陆敏杰想不想尝试学习这个，于是陆敏杰便开始学习高杆船技。二徒弟叫史佳杰，是一位大三学生。他之前在部队待过，2018 年 9 月退伍。他在部队中就曾给他爸爸写信表示退伍想跟着屠松根学习高杆船技。他十分热爱高杆船技，史佳杰说小时候屠松根就教过他，自己在部队会着重锻炼臂力，同时也会和屠松根联系让他指导一番，退伍后自己的臂力也达到要求能够跟着屠松根学习了。屠松根十分上心徒弟们的动作练习，为了了解徒弟的练习状态和进度，陆敏杰和史佳杰会给屠松根发自己练习的视频，屠松根通过视频进行批评指正，在双方都有时间时，屠松根会亲自到徒弟家指导他们。屠松根表示目前只有单脚板和勾脚后跟这两个动作没有交给两个徒弟，因为这两个动作最危险，难度最大，得让他们循序渐进。洲泉镇这边为了培养非遗传承人，当地政府会给学习非遗技艺的人补贴生活费，以前是徒弟交学费给师傅，现在让他们更好地练习，是师傅给徒弟生活费。当地政府为了两个徒弟能时刻可以在家锻炼，在他们家里修了一个较小的训练场地。

（三）核心传承人屠松根的个人生活史

屠松根小时候高杆船表演就已经停了，但以前由于养蚕所用的匾破损需要修理，生产队会去山区买毛竹，毛竹买回来后，孩子们会拿一根竹子出来，把竹子一端戳到墙洞里，一端用大石头压住，然后在上面练习最基础的高杆船技的动作，或者割草的时候在桑树上翻。当时没有严格的师徒制，只要胆大想学，周围熟知高杆船技的人都会倾囊相授，并且学习的对象并不局限在一个村里。所以在屠松根小时候就知道高杆船里的所有动作。之后随时间流逝几乎将高杆船的记忆全忘掉，退伍到厂里上班几年后屠松根发现老一辈能够表演高杆船却心有余而力不足，年轻一辈身强力壮却做不了几个动作，又没有多少人愿意去学这个，高杆船技几乎不能延续下来。当时他身体素质强，臂力突出，认为老一辈生活条件那样艰苦都能把高杆船技练好并一代一代传承下来，自己有吃有穿，条件这么好却做不出岂不是丢了老一辈和自己的脸，于是便把关于高杆船的记忆一一拾起，努力练习。以前的高杆表演者会根据身材和能力明确分工谁做哪几个动作，所以他们只会几个动作，但每人都有自己的特色，各不相同，每个人都有自己最擅长的动作。而屠松根则是把高杆船老前辈传下来的动作全都练下来，并把他们的特色全部融到自己身上，成为第一个能把全部动作做完的高杆船表演者。在屠松根的学习生涯里，只有三四个动作是通过别人教授获得的，其余大部分都靠自己日积月累地练习，达到熟能生巧的地步。

那时为了练好动作，屠松根在睡的房间专门弄一根钢管插在墙两头，不大的房子因为这个小小的训练空间显得尤为狭窄。当时不免有流言蜚语，周边的人把这一行为当作一个笑话来看待，人们觉得学这个东西不仅不能赚钱还要花费大量的时间和精力，得不偿失，都耻笑他。但极重面子的屠松根却不以为然，坚持要把这门技艺"搞"出来。他的妻子了解他，并没有因此说什么，只是在背后默默地支持他。

据屠松根描述他一次正式表演的时间是 1999 年的双庙渚水会。当时人们因为要干活不愿练高杆船，但屠松根却不顾一切想要把这个做好，即使一个人也要坚持，他从 1998 年夏天开始一个人训练一直到过年，双庙渚那边看他练得好便专门请他去表演。当时因为没有钱，他便到村上每户人家去要了十块总共凑了六百，结果不够，又挨家去要了五百，当时的村书记很支持他便给了他五百，村上一位教书的老师还帮他买了牮竹。后面等所有东西差不多都弄好了，其他人看他决心这么大，便凑了五六个人加入他，和他一起练习去参与水会。那一年的表演十分成功，参与的人也因此出名。可以说屠松根是继承和发扬高杆船的带领人，如果当时没有他的带动，高杆船已经无人练习了。

2000 年乌镇的旅游公司为了吸引游客提出一年两万的工资邀请屠松根去表演高杆船，当时屠松根和他妻子在乡下唱戏、卖梨膏糖，基本可以做到一月一万，便拒绝了。屠松根和他妻子是唱戏认识的。当时屠松根是唱戏的，在一个小镇上遇到了他现在的妻子。屠松根唱戏眼睛要有神，眼神得落在实处，当时他妻子以为在看她，而且这样好几次，她便怦然心动，之后屠松根每到一个地方她就跟着去听戏，反复几次后两人暗生情愫，她就向家里人说跟着人去学艺便和屠松根离开她的家乡四处唱戏，兜兜转转直到两人赚钱买房后才回家说她以及结婚的事，她家里的人才知道始末。现在屠松根和妻子在她的家乡练市开了一家面馆，做面条、混沌、早茶等东西。屠松根夫妇每天三点多就要起床，准备茶水以及当天做面需要的小料等各种食材。因为当地老人有喝早茶的习惯，他们很早就会过来喝茶。平时店里的生意还可以，屠松根做面，妻子收拾碗筷，倒也有条不紊。

屠松根对高杆船技传承人这件事还是有些意难平，目前屠荣祥是高杆船的代表性传承人，但在实际采访中发现，他早在 2012 年就已经不再进行任何高杆船的表演活动了。当知道高杆船技代表人屠荣祥关于表演高杆船的图片是自己模糊不清的表演图时屠松根说"听到这个消息连劲都没有了，高杆船爬都爬不上去。"屠松根说自己是一个好面子的人，当年最开始他算是为了面子努力让自己学会所有动作，经过多年努力让高杆船复活了，代表人却用自己的照片，自己虽不是专门为了名利，但也难免感到心寒。当年乌镇的旅游公司在所有人都不看好这门技艺，屠松根一人默默练习，期间流过的汗，遭过的罪，听过的流言蜚语……屠松根的妻子都看在眼里，每当提到这件事，在旁的妻子都会暗暗抹泪。虽然现在屠松根未成为正式的国家高杆船技的传承人，但是他依旧热爱高杆船技，保持积极的生活态度。他每天都会抽出时间戴着沙袋练动作让身体保持良好的状态，表示会一直把这门技术练下去，尽力传承下去。

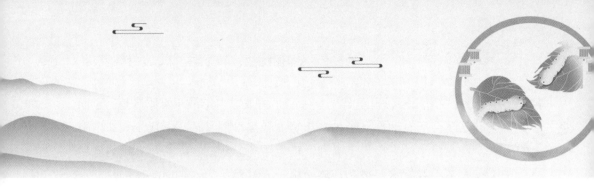

第六章　杭嘉湖蚕桑丝织文化生态区现状调查报告

一、杭嘉湖蚕桑丝织文化生态区的设立

（一）国家级文化生态保护区概念的提出实施

1. 相关国家政策

2003 年，联合国教育、科学及文化组织大会第 32 届会议通过《保护非物质文化遗产公约》（后简称《公约》）。其中，将非物质文化遗产[①]界定为："被各社区、群体，有时是个人，视为其文化遗产组成部分的各种社会实践、观念表述、表现形式、知识、技能以及相关的工具、实物、手工艺品和文化场所。"[②]中国于 2004 年加入，成为其缔约国，于 2005 年发布《国务院办公厅关于加强我国非物质文化遗产保护工作的意见》（后简称《意见》）。《意见》指出非物质文化遗产是"各族人民世代相承、与群众生活密切相关的各种传统文化表现形式和文化空间"，并要求"建立名录体系，逐步形成有中国特色的非物质文化遗产保护制度"。[③]同年 12 月，国务院下发《国务院关于加强文化遗产保护的通知》（后简称《通知》），构建了我国的文化遗产体系，包括物

---

① 因大众约定俗成和叙述简洁的需要，本文将"非物质文化遗产"简称为"非遗"。
② 联合国. 保护非物质文化遗产公约. ［2003-10-17］. https://www.un.org/zh/documents/treaty/files/ich. shtml.
③ 国务院办公厅. 国务院办公厅关于加强我国非物质文化遗产保护工作的意见. ［2005-03-26］. http://www.gov.cn/zhengce/content/2008-03/28/content_5937.htm.

质文化遗产和非物质文化遗产。同时《通知》再次阐明："非物质文化遗产是指各种以非物质形态存在的与群众生活密切相关、世代相承的传统文化表现形式，包括口头传统、传统表演艺术、民俗活动和礼仪与节庆、有关自然界和宇宙的民间传统知识和实践、传统手工艺技能等以及与上述传统文化表现形式相关的文化空间。"[①]

从联合国的《公约》，到我国在《意见》和《通知》中两次对非遗概念的阐释，我们明确可知，非遗包括了两部分，即以非物质形态存在的传统文化表现形式和与其相关的，以物质形态存在的，实物及文化空间（或说文化场所）。在传承过程中和学者们的研究中，大家更加关注前者，并且因为前者以非物质形态存在的特性，还着重关注了非遗的特殊载体——传承非遗的人。但对后者的研究，普遍较少。一则与传统文化表现形式相关的实物往往列入物质文化遗产的队伍；二则学界对文化空间的概念尚不明确。陈虹分析《联合国教科文组织宣布人类口头及非物质遗产优秀作品》后提出："文化空间就是指人的特定活动方式的空间和共同的文化氛围，即定期举行传统文化活动或集中展现传统文化表现形式的场所，兼具空间性、时间性、文化性，而且这种三者合一的文化形式是濒临消失的。"[②]近年萧放和席辉则认为："非物质文化遗产视角下的文化空间，强调空间、时间、文化实践三个维度的叠加，不能简单理解为'唯物'空间，而是一种时空伴随的文化实践复合体。"[③]对文化空间应具备空间性、时间性和文化性这一点基本达成共识。虽然我国学界对非遗语境下的文化空间这一概念研究较少，但实践中，国家确在对其进行保护。

《中华人民共和国非物质遗产法》第三章第二十六条规定："对非物质文化遗产代表性项目集中、特色鲜明、形式和内涵保持完整的特定区域，当地文化主管部门可以制定专项保护规划，报经本级人民政府批准后，实行区域性整体保护。确定对非物质文化遗产实行区域性整体保护，应当尊重当地居民的意愿，并保护属于非物质文化遗产组成部分的实物和场所，避免遭受破

① 国务院. 国务院关于加强文化遗产保护的通知. ［2005-12-22］. http://www.gov.cn/zhengce/content/2008-03/28/content_5926.htm.

② 陈虹. 试谈文化空间的概念与内涵 [J]. 文物世界，2006（01）：44-46+64.

③ 萧放，席辉. 非物质文化遗产文化空间的基本特征与保护原则 [J]. 文化遗产，2022（01）：9-16.

坏。"①据此，国家级文化生态保护区依法成为非物质文化遗产保护的重要措施，也是实践中对非遗中的文化空间的重要保护。

文化生态保护区概念的提出与应用，源于政府对民族民间文化遗产的保护。早在2004年，文化部、财政部联合发布《关于实施中国民族民间文化保护工程的通知》，其中提出："通过建立文化生态保护区、命名民族民间文化艺术之乡，对原生态文化保存较为完整并具有特殊价值和浓郁特色的文化区域，进行动态的持续性保护……在民族民间文化形态保存较完整并具有特殊价值、特色鲜明的民族聚集村落和特定区域，分级建立文化生态保护区；建立民族民间文化艺术之乡的申报、审核和命名机制。"②2005年，《国务院关于加强文化遗产保护的通知》再次强调："加强少数民族文化遗产和文化生态区的保护。重点扶持少数民族地区的非物质文化遗产保护工作。对文化遗产丰富且传统文化生态保持较完整的区域，要有计划地进行动态的整体性保护。对确属濒危的少数民族文化遗产和文化生态区，要尽快列入保护名录，落实保护措施，抓紧进行抢救和保护。"③文化生态保护区概念被采用，在实践过程中构建形成各级文化生态保护区。2006年，《国家"十一五"时期文化发展规划纲要》要求"加强重要文化遗产保护……确定10个国家级民族民间文化生态保护区。"④

设立国家级文化生态保护区，是国家对物质文化遗产保护和对非物质文化遗产保护的结合，也是中国领悟联合国《保护非物质文化遗产公约》之后保护"人与人以及人与物之间的本源关系"⑤的新措施。在实践中这项举措不断更新。2021年，国务院在现有非遗保护政策和保护体系的基础上，印发《关于进一步加强非物质文化遗产保护工作的意见》，提出健全非遗保护体系，完善区域性整体保护制度，"将非物质文化遗产及其得以孕育、发展的文化和自

① 新华社.《中华人民共和国非物质文化遗产法》.［2011-02-25］. http://www.gov.cn/flfg/2011-02/25 / content_1857449.htm.

② 文化部 财政部. 关于实施中国民族民间文化保护工程的通知.［2004-04-16］. https://www.chinesefolklore.org.cn/web/index.php?Page=2&NewsID=2253.

③ 国务院. 国务院关于加强文化遗产保护的通知.［2005-12-22］. http://www.gov.cn/gongbao/content/2006/content_185117.htm.

④ 国务院. 国家"十一五"时期文化发展规划纲要（全文）.［2006-09-13］. http://www.gov.cn/jrzg/2006-09/13/content_388046.htm.

⑤ 户晓辉.《保护非物质文化遗产公约》能给中国带来什么新东西——兼谈非物质文化遗产区域性整体保护的理念［J］. 文化遗产，2014（01）：1-8+157.

然生态环境进行整体保护"，并提出将"文化生态保护区建设与国家文化公园建设有效衔接，提高区域性整体保护水平"①。

2. 具体实践

2007 年，文化部根据《国家"十一五"时期文化发展规划纲要》要求，设立我国首个国家级文化生态保护实验区——闽南文化生态保护实验区，后陆续批准设立徽州文化生态保护实验区、热贡文化生态保护实验区等多个实验区。至 2015 年，文化部已确立 18 个文化生态保护实验区②。截至 2020 年 6 月，正式挂牌的国家级文化生态保护区有 7 个，国家级文化生态保护实验区 17 个③。

在实践过程中，文化和旅游部陆续发布《文化部关于加强国家级文化生态保护区建设的指导意见》和《国家级文化生态保护区管理办法》法律法规，总结经验，指导实践。2010 年，《文化部关于加强国家级文化生态保护区建设的指导意见》明确规定了国家级文化生态保护区设立的条件、程序、工作机制及其建设的基本措施④。2018 年，《国家级文化生态保护区管理办法》对"国家级文化生态保护区"的定义为："以保护非物质文化遗产为核心，对历史文化积淀丰厚、存续状态良好，具有重要价值和鲜明特色的文化形态进行整体性保护，并经文化和旅游部同意设立的特定区域。"另外该办法明确了国家级文化生态保护区申报与设立的条件与流程。实行文化生态区域性整体保护达两年以上的区域，方能申报国家级文化生态保护实验区。申报成功一年内，当地政府须制定国家级文化生态保护区总体规划并交文化和旅游部备案。国家级文化生态保护区总体规划实施三年后，由文化和旅游部组织成果验收，验收合格的，正式公布为国家级文化生态保护区并授牌⑤。

---

① 中共中央办公厅、国务院办公厅. 关于进一步加强非物质文化遗产保护工作的意见. ［2021-08-12］. http://www.gov.cn/zhengce/2021/08/12/content_5630974.htm.

② 新华社. 文化部发布闽南、热贡等 18 个文化生态保护实验区春节文化活动. ［2015-02-10］."文化部非物质文化遗产司副司长马盛德说，自 2007 年至今，我国设立了 18 个国家级文化生态保护实验区，这些保护区历史文化积淀丰厚、具有鲜明的区域和民族特色，其境内的非遗资源集中而丰富。"http://www.gov.cn/xinwen/2015-02/10/content_2817640.htm.

③ 根据中国非物质文化遗产网·中国非物质文化遗产数字博物馆提供信息所得. https://www.ihchina.cn/.

④ 文化和旅游部. 文化部关于加强国家级文化生态保护区建设的指导意见（文非遗发〔2010〕7 号）. ［2010-04-17］. https://www.ihchina.cn/Article/Index/detail?id＝11580.

⑤ 文化和旅游部. 国家级文化生态保护区管理办法（中华人民共和国文化和旅游部令第 1 号）. ［2018-12-10］. https://www.ihchina.cn/zhengce_details/16006.

简单梳理国家级文化生态保护区的资料，我们可以得出三点其共有特征。首先，国家级文化生态保护区的设立要求文化性，当地文化遗产丰富，尤其是非物质文化遗产。国家在福建设立闽南文化生态保护实验区后，时任福建省文化厅厅长的宋闽旺说到，闽南地区"保存着众多原生态的非物质文化遗产和物质文化遗产，它们相依相存，与人们的生产生活融为一体……是中华文化的重要组成部分，也是海峡两岸人民'同根''同祖''同缘'不可分割的文化见证和桥梁纽带。"①闽南文化生态保护区包括泉州、漳州、厦门三地，仅泉州当地就有闽台送王船、水密隔舱福船制造技艺、闽南传统民居营造技艺（鲤城、惠安）三项非物质文化遗产项目入选人类非物质文化遗产名录，另有 17 项国家级非物质文化遗②产。其次，当地文化具有完整性。浙江象山的海洋渔文化、河南宝丰的说唱文化、江西景德镇的陶瓷文化等文化因独特的地理、历史因素而生、而兴，并在形式和内容上都完整地保留着。如象山的渔文化包括与渔相关的多种传统文化表现形式，除渔相关的传说、谚语、歌舞外，还完整保留有祭海仪式、开渔节等民俗，和造船、织网等传统技艺，适合且需要区域整体性保护。最后，国家级文化遗产保护区体现了民族性。我国是多民族国家，各民族的优秀文化特色鲜明，是中国优秀文化的有机组成部分。除带汉族特色的徽州文化、齐鲁文化、晋中文化、陕北文化的各地文化生态保护区，国家还设立有鲜明民族特色的热贡文化生态保护区、羌族文化生态保护区、武陵山区（湘西）土家族苗族文化生态保护区、大理文化生态保护实验区、铜鼓文化（河池）生态保护实验区等，展现我国多民族文化百花齐放的风采。

在国家级文化生态保护区实践进行得如火如荼之际，浙江省跟紧国家步伐，积极探索海洋渔文化（象山）文化生态保护实验区的保护规划，并在省内确立了杭嘉湖蚕桑丝织文化生态区、婺文化生态区、越文化生态区等 7 个区域③，以开展区域性整体保护工作的试点工作。

本文将在杭嘉湖蚕桑文化相关项目进行梳理的基础之上，着重关注浙江

---

① 福建省文化厅厅长 宋闽旺. 关于设立闽南文化生态保护实验区的意义和作用[N]. 闽南日报，2007-07-22（003）.

② 根据泉州市非物质文化遗产网整理所得。http://www.mnwhstq.com/szzy/qzfwzwhyck/.

③ 浙江省文化和旅游厅. 浙江省文化厅 2008 年工作报告. [2009-03-05]. http://ct.zj.gov.cn/art/2009/3/5/art_1643509_34928823.html.

省在杭州临平、嘉兴海宁、湖州德清三地设立的蚕桑文化生态区，对于当地蚕桑相关非遗项目的保存、传承和发展所起的作用，存在的问题；并试图提出解决办法。

（二）杭嘉湖地区蚕桑文化相关非遗项目梳理

浙江省是非遗大省。省内的非遗数量，无论是入选国家级非物质文化遗产代表性项目名录的项目，或是省级和省内市级的非遗项目，在全国都首屈一指。浙江的茶产业和蚕桑产业尤为突出，茶相关非遗项目和蚕桑相关非遗项目在浙江省所有非遗项目中占比较大。浙江与茶相关的非遗项目，有 25 项[1]入选省级非物质文化遗产项目，有六项名列国家级非物质文化遗产代表性项目名录[2]。浙江的蚕桑产业和蚕桑文化在杭嘉湖地区尤为突出，当地蚕桑文化相关的非遗项目众多，其中入选省级非遗项目的有 10 项，国家级非遗项目的七项。以浙江为主导的中国传统桑蚕丝织技艺项目入选联合国教科文组织非物质文化遗产名录（名册）。对比可见，杭嘉湖地区的蚕桑文化在浙江文化中的重要位置，对全人类文化的积极作用。

1. 当地国家级、省级和市级相关非遗项目梳理

（1）杭嘉湖地区国家级蚕桑文化相关非遗项目表[3]：

序列	名称	类别	公布时间	类型	申报地区或单位	保护单位
1	蚕丝织造技艺（余杭清水丝绵制作技艺）	传统技艺	2008 年（第二批）	新增项目	浙江省杭州市余杭区	杭州余杭塘北股份经济合作社
2	蚕丝织造技艺（杭罗织造技艺）	传统技艺	2008 年（第二批）	新增项目	浙江省杭州市福兴丝绸厂	杭州福兴丝绸有限公司
3	蚕丝织造技艺（双林绫绢织造技艺）	传统技艺	2008 年（第二批）	新增项目	浙江省湖州市	湖州云鹤双林绫绢有限公司

① 根据浙江非遗网信息整理而得。其中茶灯戏（唱灯）所属地区有三，遂昌县、庆元县和衢江区，浙江非遗网将其列为三项，本文将其视作一项。http://www.zjich.cn/.

② 包括有绿茶制作技艺（西湖龙井）、绿茶制作技艺（婺州举岩）、绿茶制作技艺（紫笋茶制作技艺）、绿茶制作技艺（安吉白茶制作技艺）、庙会（赶茶场）、径山茶宴六项茶相关非遗项目入选国家级非物质文化遗产代表性项目名录。根据国家非物质文化遗产网·中国非物质文化遗产数字博物馆信息整理而得。https://www.ihchina.cn/.

③ 该表根据国家非物质文化遗产网·中国非物质文化遗产数字博物馆中《国家级非物质文化遗产代表性项目名录》整理而得。https://www.ihchina.cn/project.html#target1.

续表

序列	名称	类别	公布时间	类型	申报地区或单位	保护单位
4	蚕桑民俗（含山扎蚕花）	民俗	2008 年（第二批）	新增项目	浙江省桐乡市	桐乡市文化馆（桐乡市金仲华纪念馆 桐乡市非物质文化遗产保护中心）
5	蚕桑民俗（扫蚕花地）	民俗	2008 年（第二批）	新增项目	浙江省德清县	德清县文化馆
6	蚕丝织造技艺（杭州织锦技艺）	传统技艺	2011 年（第三批）	拓展项目	浙江省杭州市	杭州都锦生实业有限公司
7	蚕丝织造技艺（辑里湖丝手工制作技艺）	传统技艺	2011 年（第三批）	拓展项目	浙江省湖州市南浔区	湖州市南浔区文化馆

（2）杭嘉湖地区省级蚕桑文化相关非遗项目表①：

序列	名称	类别	公布时间	保护单位	备注
1	扫蚕花地	民俗	2005 年 5 月 18 日（第一批）	德清县乾元镇人民政府	
2	含山轧蚕花	民俗	2007 年 6 月 5 日（第二批）	湖州市南浔区社会发展局	含山位于嘉兴、湖州两市交界，德清、南浔、桐乡三县区相接之处，故而湖州和桐乡两地都申报了该民俗
3	含山轧蚕花	民俗	2007 年 6 月 5 日（第二批）	桐乡市文化广电新闻出版局	
4	新市蚕花庙会	民俗	2007 年 6 月 5 日（第二批）	新市镇经济社会发展服务中心	
5	桐乡蚕歌	民间文学	2009 年 6 月 22 日（第三批）	桐乡市文化广电新闻出版局	
6	双庙渚蚕花水会	民俗	2009 年 6 月 22 日（第三批）	桐乡市文化广电新闻出版局	
7	蚕桑生产习俗（塘栖茧圆与蚕桑生产习俗）	民俗	2009 年 6 月 22 日（第三批）	杭州市余杭区文化广电新闻出版局	
8	云龙蚕桑生产习俗	民俗	2009 年 6 月 22 日（第三批）	海宁市非物质文化遗产保护中心	
9	德清蚕桑生产习俗	民俗	2009 年 6 月 22 日（第三批）	德清县文广新局	
10	南浔传统养蚕习俗	民俗	2009 年 6 月 22 日（第三批）	南浔区非物质文化遗产保护中心	

---

① 该表根据浙江省非遗网资料整理而得 http://www.zjich.cn/index.html.

续表

序列	名称	类别	公布时间	保护单位	备注
11	马村蚕桑生产技艺	传统技艺	2016年12月30日（第五批）	安吉县梅溪镇马村蚕桑专业合作社	
12	桐乡桑剪锻制技艺	传统技艺	2016年12月30日（第五批）	桐乡市文化馆（桐乡市金仲华纪念馆、桐乡市非物质文化遗产保护中心）	

（3）杭嘉湖地区市级非物质文化遗产项目表①：

序列	地区	名称	类别	备注
1	杭州	蚕丝生产技艺（养蚕、缫丝、制绵）	传统技艺	该项目在杭州市非物质文化遗产网的市级项目名录中没有，但存在于2021年《关于调整部分杭州市级非物质文化遗产代表性项目保护地及保护单位的通知》②之中
2		刺绣（余杭刺绣）	传统技艺	
3		杭纺织造技艺	传统技艺	
4		杭缎织造技艺	传统技艺	
5		杭绸织造技艺	传统技艺	
6		西湖绸伞制作技艺（西湖绸伞）	传统技艺	
7		丝绸手绘	传统技艺	
8		丝绸画缋	传统技艺	
9	嘉兴	余新蚕猫	传统美术	
10		洪合刺绣	传统美术	
11		濮绸织造工艺	传统技艺	
12		经蚕肚肠	民俗	
13	湖州	织里刺绣	传统技艺	
14		蚕花庙会	民俗	

---

① 分别根据杭州市非物质文化遗产网 http://fymy.zjhzart.cn/、嘉兴市非物质文化遗产网 http://feiyi.jxlib.com/与浙江省人民政府网 http://www.zj.gov.cn/信息整理而得。表中三市的市级非物质文化遗产不包括已入选省级和国家级的非物质遗产名录的项目。

② 杭州市文化广电旅游局. 关于调整部分杭州市级非物质文化遗产代表性项目保护地及保护单位的通知.〔2021-09-10〕. http://www.zjich.cn/zhengce/zhengceshow.html?id＝4766.

续表

序列	地区	名称	类别	备注
15	湖州	蚕花剪纸	传统美术	
16		扬田蚕	民俗	
17		石淙扎蚕花	传统技艺	
18		菱湖桑基鱼塘生产习俗	民俗	2017年，"浙江湖州桑基鱼塘系统"入选全球重要农业文化遗产保护名录
19		丝绸手绘艺术	传统美术	
20		双宫茧蚕丝被织造技艺	传统技艺	
21		林城刺绣	传统技艺	
22		绵绸织造技艺	传统技艺	

2. 浙江对非遗的保护手段梳理

浙江一直注重文化建设，早在1999年提出文化大省建设目标。2000年浙江省响应国家加强文化建设，提高国家软实力的号召，通过《浙江省建设文化大省纲要（二〇〇一—二〇二〇）》。《纲要》贯彻"百花齐放，百家争鸣"方针，提出浙江在之后二十年内的教育、科技、文化方面的目标要求。在文化遗产的保护、开发和利用方面，以博物馆为重要载体，以文物史迹为主要内容，注重历史文化名城和特色文化遗产建设保护[①]。随着2004年中国加入联合国《保护非物质文化遗产公约》，浙江省响应国家非遗保护号召。

（1）制度保障。2007年，浙江省第十届人民代表大会常务委员会通过《浙江省非遗保护条例》[②]（后简称《浙江省非遗保护条例》）。浙江省政府坚持"政府主导、社会参与"，"保护为主、抢救第一、合理利用、传承发展"的保护方针，要求各级政府加强对非物质文化遗产保护工作的领导，要求县级以上人民政府文化行政部门履行非物质文化遗产保护职责。值得一提的是，《浙江省非遗保护条例》规定："传统文化生态保持较完整，并具有特殊价值的村落或者特定区域，可以建立非物质文化遗产生态保护区。非物质文化遗产生态

---

① 金华市文广旅游局. 浙江省建设文化大省纲要（二〇〇一—二〇二〇）. [2008-11-20]. http://wglyj. jinhua.gov.cn/art/2008/11/20/art_1229166440_53316200.html.

② 浙江省人民代表大会常务委员会. 浙江省非物质文化遗产保护条例. [2015-02-10]. http://www.zj. gov.cn/art/2007/6/1/art_1229005922_38339.html.

保护区应当划定保护范围，设立保护标志。同年，浙江省还下发了《浙江省非物质文化遗产代表性传承人（民间老艺人）补贴实施暂行办法》，制定了非遗代表性传承人（民间老艺人）的权利和义务，从省非遗保护专项资金中列支为 65 周岁以上的非遗代表性传承人（民间老艺人）提供部分补贴①。

（2）审评管理。浙江率先提出评审制度。2007 年，浙江制定《浙江省非物质文化遗产名录评审工作规则（试行）》②，设立浙江省非物质文化遗产保护工作专家库，从中抽选组成省非遗名录评审委员会，负责对申报省级非遗名录项目的评审。

2022 年，中共浙江省委宣传部和浙江省文化和旅游厅响应国家进一步加强非物质文化遗产保护的号召，发布《关于进一步加强非物质文化遗产保护的实施意见》，要求构建更加完善的非物质文化遗产名录体系、更加科学的保护发展体系、更加多元的传播普及体系、更加高效的融合创新体系、更加专业的机构队伍体系。在区域性整体保护方面，浙江省提出"至 2025 年，建成命名 10 个省级文化传承生态保护区"③。浙江省提出的省级文化传承生态保护区是指"立足非物质文化遗产整体性保护，通过项目融合、产业融合、市场融合，凸显区域文化特征、培育特色产业集群，提升优秀传统文化传承发展能力，促进地方经济、社会、文化全面协调发展而设定的区域。"④

二、杭州临平塘北村蚕桑丝织文化生态区现存状况

（一）塘北村蚕桑丝织文化生态区的具体内容

塘北村位于塘栖镇北部，与湖州市德清县新安镇交界，全村面积 5.89 平方千米。于 2003 年由原龙光桥村、郑家埭村、姚家坝村三村合并而成。塘栖

① 浙江省文化厅. 浙江对非物质文化遗产代表性传承人实施政府补贴. ［2007-07-19］. http://www.gov.cn/govweb/fwxx/wy/2007-07/19/content_689910.htm.

② 浙江省文化厅办公室. 浙江省非物质文化遗产名录评审工作规则（试行）. ［2007-03-15］. http://www.zjich.cn/zhengce/zhengceshow.html?id＝2990.

③ 中共浙江省委宣传部 浙江省文化和旅游厅. 关于进一步加强非物质文化遗产保护工作的实施意见. ［2022-02-22］. http://www.zjich.cn/zhengce/zhengceshow.html?id＝5025.

④ 浙江省文化和旅游厅. 浙江省文化和旅游厅公布浙江省省级文化传承生态保护区（创建）名单. ［2022-09-02］. http://ct.zj.gov.cn/art/2020/9/2/art_1652990_56076675.html.

镇原隶属于杭州市余杭区。2021 年杭州市改行政区划，余杭区一分为二，成为现在的余杭区和临平区，目前塘栖隶属临平区。但因行政区划更改时间尚短，塘栖镇仍保有众多"余杭"之名。

塘栖自古就是运河水乡名镇。水网密布，土地肥沃，桑树繁密，从明清起，塘栖一带的小农经济就高度发达。塘北村是余杭和临平一带的养蚕大村，也较完整地保存着剥清水丝绵、扯绵兜、缲土丝等传统手工技艺。2008 年，余杭清水丝绵制作技艺列入国家级非物质文化遗产代表名录。2009 年，该项目作为"中国传统蚕桑丝织技艺"的一部分，列入了联合国"人类非物质文化遗产代表作名录"，塘北村是这个项目的保护责任地之一。同年，浙江省文化厅确定塘北村为杭嘉湖蚕桑丝织文化生态保护区试点之一[①]；2011 年，塘北村又被省文化厅确立为浙江省非物质文化遗产生产性保护基地[②]。

（二）政府围绕文化生态区的具体措施

1. 制度保障

2008 年，余杭区文广新局牵头编制《塘北村蚕桑丝织文化生态保护实验区规划》，明确蚕桑丝织文化的保护目标、保护范围和对象，以及保护方法和实施计划，为推进生产性保护和整体性保护提出了方向。塘栖镇编制了《塘北村蚕桑丝织文化保护项目可行性报告》，明确分期实施目标与措施[③]。2009 年，余杭区政府在《政府工作报告》中，明确提出了"启动塘栖蚕桑文化生产性保护基地建设"[④]，2010 年区政府《政府工作报告》再次提出"完善塘北村蚕桑文化生产性保护基地建设"[⑤]。2013 年，余杭拟编制塘北村蚕桑丝织文化实验区保护规划。[⑥]后召开塘北村蚕桑丝织文化生态保护实验区规划征求意

---

① 在浙江省文化厅 2008 年的工作报告中，塘北村等三地在当年被确定为杭嘉湖蚕桑丝织文化生态区；但因有政策下达的时间差，在塘北村村委所提供的相关文件中，其确定时间在 2009 年。

② 浙江非遗网信息 http://www.zjich.cn/zaiti/zaitishow.html?id=207.

③ 根据塘北村村委提供资料而得，目前这两份文件已无。

④ 余杭区. 2009 年政府报告. [2009-02-18]. http://www.yuhang.gov.cn/art/2009/2/18/art_1229167325_1394014.html.

⑤ 余杭区. 2010 年政府报告. [2010-03-10]. http://www.yuhang.gov.cn/art/2010/3/10/art_1229167325_1394013.html.

⑥ 浙江省非物质文化遗产网信息. [2013-05-19]. http://www.zjich.cn/news/newsshow.html?id=429881.

见会，征求各界学者教授对《余杭塘北村蚕桑丝织文化生态保护实验区规划》（初稿）意见①。2018 年，塘栖镇召开了蚕桑民俗文化及清水丝绵制作技艺保护座谈会，就如何保护塘栖的蚕桑及清水丝绵制作技艺进行了深入的探讨②。

2. 保护措施

在蚕桑生产方面。随着塘北村蚕桑文化生态保护区建立，塘北村确立龙光桥廿四度自然村为蚕桑丝织保护区块。每年投入 30 万元，以发放补贴等方式，调动蚕农种桑养蚕的积极性。设立塘北村廿四度自然村蚕农生产合作社，发挥集体经济组织的引导作用。该区域内土地总面积 550 亩，规划保护桑地种植面积保持在 300 亩以上，为当地种桑养蚕的生产和发展清水丝绵制作技艺提供源头上的保证③。

在传承人保护方面。2009 年，塘栖镇俞彩根、胡农仙申报认定为浙江省清水丝绵制作技艺代表性传承人，后俞彩根入选第五批国家级非物质文化遗产代表性项目代表性传承人。仲锡娥申报认定为第二批杭州市蚕丝生产技艺代表性传承人。2013 年，陈英娣申报认定为区蚕丝生产技艺代表性传承人。朱马大申报认定为第五批杭州市蚕丝生产技艺代表性传承人④。2017 年，胡玉花申报余杭区蚕丝织造技艺（余杭清水丝绵）制作技艺代表性传承人。在拥有众多传承人才基础上，塘北村积极发挥传承人的传承作用，在塘北村农户中开设缫土丝、做丝绵生产基地，进行清水丝绵制作技艺的教授与传承。积极培育新的传承人，让这门技艺得到传承发展。俞彩根清水丝绵作坊拥有 10 余名丝绵制作人员，既解决了部分妇女的就业，也使清水丝绵制作技艺得到有效传承。

在蚕桑文化研学方面。2021 年，塘北村文化礼堂二楼的"蚕桑民俗展示馆"正式对外开放。馆内配有科普蚕桑文化的图文知识，并展陈蚕农种桑养蚕的农具、美蚕娘制作的米塑，以及清水丝绵丝织技艺的活态展示。在"蚕桑民俗展示馆"，塘北村开设蚕桑文化研习课堂，与学校结对，成为青少年科普教育实践基地。结合杭州亚运会和端午节、六一儿童节等时事与节日，开

---

① 浙江省非物质文化遗产网信息．［2013-05-19］．http://www.zjich.cn/news/newsshow.html?id = 430005.

② 余杭区. 养蚕种桑、制作清水丝绵……这些传统文化需要被保护！［2018-04-04］http://www.zjich.cn/news/newsshow.html?id = 6.

③ 丰国需，王祖龙，金兴盛. 余杭清水丝绵制作技艺［M］. 杭州：浙江摄影出版社，2014.

④ 根据杭州市非物质文化遗产网信息整理而得. http://fymy.zjhzart.cn/.

展蚕桑文化活动，加深儿童、青少年们对国家非物质文化遗产的认识，激发他们保护和传承非遗文化的信念。

在蚕桑丝织文化的旅游开发方面。塘北村依托塘栖古镇这一优质旅游资源，将蚕桑丝织文化与塘栖的水乡文化相结合，在塘栖古镇景区进行蚕桑丝织文化的展示。古镇上的展示馆中也有清水丝绵现场制作的演示体验、相关产品和旅游纪念品的销售等。同时结合塘栖的特色产品枇杷和塘栖枇杷节的开幕，开拓塘北村蚕桑文化生态游，促进其产业化和市场化。

（三）文化生态区设立对当地蚕桑产业和日常生活等方面的影响

塘北村作为塘栖镇最大的农业大村，支撑产业为农业。全村有耕地面积8 106亩，其中水田4 538亩，旱地3 568亩。（2018年）①除养蚕外，当地村民还种枇杷、番茄、黄瓜、油菜、辣椒等农作物，养殖羊、猪等牲畜。农民陆杏琴回忆："自己七八岁就开始割草，爸爸给自己买了个新的竹筐就高兴得不得了。家里养了16只羊，两只猪，还有兔子。一天忙到晚，什么都要做。除了照顾弟弟妹妹，还要割羊草喂羊，要捡柴火，要养猪，还要照顾农田里。"当问到养蚕时，她说："我在娘家的时候也养蚕的。后来73年嫁到这里，那时候大队里嘛，养蚕了就不用种地了，养蚕舒服都抢着的。我抢不上……后来承包到户，我们也养的。现在有快十年了吧不养蚕。"②从陆杏琴的描述我们可以看到，虽然塘北村蚕桑文化浓厚，但在村民的眼中，蚕桑和其他种田养牲口也都是一样，只是谋生的一种方式。种菜是"种五千棵番茄、五千颗茄子和一片油菜、黄瓜、丝瓜等，载了一船的蔬菜，从家出发，一路卖到德清，几角一斤卖完回家"③。相较于种菜，养蚕是更轻松一些的选择。

至于为什么不养蚕了，陆杏琴的回答是："房子重新装修翻新了，也没地方养了。旁边人他们都不养蚕了。诺，还把我的桑树给伐了。"④养蚕与种菜不同，与养鸡养鸭相似，需要家中划出一块区域供其长大和排泄。原本人家养蚕，蚕小时只占据几张匾，蚕大了要占更大的地方。养两张蚕种，需要普

---

① 被访谈人：仲其良，男，塘北村村民，1974年生人。访谈人：仲欣岚。访谈时间：2022年3月23日。访谈方式：电话访谈。

② 被访谈人：陆杏琴，女，仲其良的母亲，娘家在德清，1973年嫁入塘北村。访谈人：仲欣岚。访谈时间：2022年3月23日。访谈方式：电话访谈。

③④ 同②。

通人家的整块厅堂①。家中随着人们收入增加，储蓄增多，塘北村几乎所有人家都将自家房子，或从里到外翻新；或择其门面，如厅堂、餐厅、客厅等地方进行翻新。原本只是水泥砌平的厅堂，如今铺上了瓷砖地板，而蚕宝宝眠的时候往往在地上，需要适合的地温，瓷砖地板并不适合其生长。同时蚕要不断排泄，村民们也不想蚕将瓷砖地板弄脏。然而，房子翻新也并不意味着蚕种在塘北村农民家中完全没有了生长空间。一些老奶奶仍会找到适合蚕宝宝生长的空间，"三楼上又没装修，我之前不是在三楼上养了两次啊"②。

蚕桑产业在塘北村逐渐消失的主要原因，应是桑树面积的减少，而这背后是本村农民关于生计的"自然选择"。而"旁边人都不养蚕了"不过是这一选择的表现。2018 年塘北村旱地 3 568 亩，当年枇杷种植面积为 3 050 亩，全村桑园面积 260 亩，村中绝大部分土地都用于种植枇杷。塘北村是农业大村，在众多的农业劳作中，农民们的时间和精力有限，自然选择相对轻松、经济效益更高的生产方式。此前，在种大片瓜果和养两张蚕种之间，农民们倾向选择后者，但为维持生计，不得不都参与生产；如今在养两张蚕种和种几棵枇杷树中间，农民也自然倾向更轻松的后者。在这里，我们似乎要简单说明一下"村民"和"农民"所代表的人群。塘北村村民自然是指户籍在此，或者常住于此的人；而塘北村的农民则是当地从事农业生产的人，他们大多是塘北村五十岁及以上的村民，从小开始做农活。塘北村年轻一些的村民，大多已经不再种地，而将土地流转于他人，他们是本村村民，但较少涉及农业的生产和选择，为方便叙述，本文将其简单划分，不将其算在农民之列。除本村农民，目前当地农业生产的主体还有相对大型的公司，但他们加入塘北村农业生产较晚，且都致力于瓜果生产、加工，暂按下不提。

通过上文的分析可得，塘北村蚕桑产业和蚕桑文化由盛转衰是目前尚从事农业生产的村民选择的结果。我们也可以看到，在这场农民的"自然选择"过程中，塘北村蚕桑丝织文化生态区除保留了龙光桥廿四度自然村的 300 亩桑树外（如今也不足 300 亩），并没有发挥其应发挥的作用。

---

① 厅堂指家中大门和腰门中间的一大块空地，有人家在此供奉祖宗牌位。平日此处多空闲，常停放电瓶车、自行车。

② 被访谈人：陆杏琴，女，仲其良的母亲，娘家在德清，1973 年嫁入塘北村。访谈人：仲欣岚。访谈时间：2022 年 3 月 23 日。访谈方式：电话访谈。

原本大量的桑树土地已经砍伐改为枇杷种植，对于广大农民来说，种植枇杷带来的经济效益远大于桑蚕养殖，且更为轻松，作为远近闻名的地理农产品，"塘栖枇杷"从来是不愁销路的。要在文化生态保护区内改变这样的趋势，确实是任重道远。广大农户的选择是基于社会经济的发展和市场的选择，想让农民们重新拾起对蚕桑的兴趣，很重要的一点就是经济效益。

三、嘉兴海宁云龙村蚕桑丝织文化生态区现存状况

（一）云龙村蚕桑丝织文化生态区的具体内容

云龙村位于海宁市周王庙镇西南部，村域面积 3.924 平方千米，共有农户 944 户，2020 年村级经济收入 506.41 万元，村民年人均收入 39 096 元。云龙村种桑养蚕历史悠久。清代时，《海宁州志稿》已有当地种植桑树的记载。新中国成立以来，云龙村专注蚕桑培育，通过改善耕作技术、引进良种、调整饲养布局等方式提升产量，并积极与科研机构对接，追求蚕桑科学发展。在 1992 年云龙村蚕茧生产达到高峰，全村全年养蚕 8 924.5 张，产量达 56.8 斤。随着中国改革开放，在普遍追求第二、三产业发展的同时，云龙村仍保持着较高的蚕桑产量。在 2013 年，云龙村全村养蚕 2 151 张，蚕茧总产量达 103.93 吨[①]。长期种桑养蚕的生产生活，使当地形成特色鲜明的蚕桑丝织文化。2009 年，云龙村的蚕桑生产习俗作为中国传统桑蚕丝织技艺被列入人类非物质文化遗产代表作名录之中。同年，云龙蚕桑生产习俗入选浙江省第三批非物质文化遗产项目。

（二）政府围绕文化生态区的具体措施

1. 制度保障

2014 年，海宁市制定并通过《关于突出种桑保护重点有效传承蚕桑文化的决议》[②]和《海宁市区域性蚕桑保护规划（2014—2020）》[③]的文件，提出"在

---

① 张镇西. 云龙蚕桑志 [M]. 杭州：浙江大学出版社，2017.

② 同①。

③ 嘉兴市农业农村局. 海宁市区域性蚕桑保护规划通过评审. [2014-10-08]. http://www.jiaxing.gov.cn/art/2014/10/8/art_1555503_26727552.html.

桑上破题，在蚕上突围"的基本思想，重点传承和保护云龙村蚕桑文化，推动蚕桑保护由农业推广到工业和商业，推动以蚕桑生态文化休闲展示厅为核心的云龙村蚕桑文化展示基础建设。2016 年，浙江省政协与海宁市文化创意产业办公室编写了《云龙村中国蚕桑文化村概念性规划》[①] 2017 年，云龙村入选浙江省第四批非遗旅游景区[②]。2019 年，云龙村申报星级美丽乡村特色精品村项目（蚕桑文化习俗研学旅游项目），打造海宁中小学研学实验中心。

2. 保护措施

加强蚕桑文化展示厅等设施建设，促进研学旅游发展。2009 年，徐国强出资建设云龙蚕俗文化园；2013 年浙江省对蚕俗文化园进行扩建资金补助，村中对其进行扩建。目前园内占地面积 58 亩，建有蚕花堂、戏台等建筑，种植大量 70 年以上的老桑树。2016 年，"四季智能蚕室"建成完工，占地 260 平，用于智能、安全、高效的蚕桑生产技术开发。同年投资近千万，建设云龙蚕俗记忆馆。2019 年，云龙村申报星级美丽乡村特色精品村项目（蚕桑文化习俗研学旅游项目），并建设蚕桑文化研学营地。2020 年，云龙村承担海宁规模化集约化蚕桑基地建设项目，集中管理 525 亩桑田，并建设小云龙蚕桑乐园。

举办并参与"蚕俗文化节"等蚕桑文化相关活动。2009 年和 2011 年，云龙村两次举办蚕俗文化节。在节上，村民们展示缲土丝、拉棉兜、织土布、翻丝绵被等传统蚕桑丝织制作技艺；展演祭拜蚕神、演蚕花戏等蚕桑民俗节目。2012 年周王庙镇举办首届蚕俗文化旅游节，代替村举办的蚕俗文化节，辐射和影响规模扩大，并定下两年一办。除本地举办的蚕桑文化相关活动外，云龙村积极参与蚕桑文化盛会。2021 年，参加"中国非物质文化遗产生产性保护成果大展"；2013 年，承办"云龙村的蚕桑记忆"展览，展会在中国丝绸博物馆开幕，赢得大量关注。2015 年，云龙村创作村歌《云龙谣》，并参加浙江省第二届村歌大赛，获得银奖。2017 年，云龙村拍摄微电影《诗画江南·蚕乡云龙》，提升云龙村蚕乡知名度。

加强学术研究和文化交流。众多专家学者来到云龙村采风学习，并对当地浓厚的蚕桑文化进行细致研究，或出版专著，或助力保护政策制定。目前，在云龙村考察获得的学术著作包括有《云龙村蚕桑生产民俗考察报告》、《嘉

① 张镇西. 云龙蚕桑志［M］. 杭州：浙江大学出版社，2017.

② 浙江非遗网信息。http://www.zjich.cn/zaiti/zaitishow.html?id＝907.

兴蚕桑史》的《蚕桑生产——一云龙村为例》一节、《海宁市优质茧收购的时间与体会》等等。浙江省委、浙江省政协、浙江省文化厅、中国丝绸博物馆、市非遗保护中心等机构的专家领导莅临云龙村调查采风。浙江大学、浙江理工大学、浙江工商大学、浙江财经大学、中国计量大学等多所高校来到云龙村体验调研。2016 年，云龙村还与中国丝绸博物馆签订了筹建中国蚕桑丝织技艺传习中心和中国蚕桑生态资源库的协议。

保护传承人。2017 年，贝利凤入选浙江省第五批非物质文化遗产项目代表性传承人。早在 2012 年，贝利凤就作为云龙村缫丝记忆的传承人代表，参加在北京举办的"中国非物质文化遗产生产性保护成果大展"。

（三）文化生态区设立对当地蚕桑产业和日常生活等方面的影响

从全域来看，江南一带的蚕桑养殖产业衰败不可避免，东蚕西移也是大势所趋。在此大势之下，云龙村蚕桑文化生态保护区的确立和相关政策实施，帮助当地实现了蚕桑产业的升级转型，从最初的农业发展到如今的研学旅游业产业化发展。

在文化层面，云龙村设立蚕桑文化生态区后，注重蚕桑文化的收集、整理、研究和宣传。除专家学者和高校的调研采风外，格外注重民众的参与，通过蚕俗文化节等方式实现文化共享。近年来，因疫情原因，村镇暂停举办蚕俗文化节，村中乡贤们组织开办民间蚕俗文化节，真正成为村民自己的节日。

在经济层面，有了蚕桑文化生态区的金字招牌后，云龙村继续申报获得浙江省第四批非遗旅游景区、浙江省历史文化村落（民俗风情村落）称号和星级美丽乡村特色精品村项目（蚕桑文化习俗研学旅游项目）等荣誉，并据此云龙村推动研学和旅游产业化。

四、湖州德清县蚕桑丝织文化生态区现存状况

（一）德清县蚕桑丝织文化生态区的具体内容

德清县，县治武康镇，隶属湖州市，位于浙江北部，南与杭州接壤。辖域面积 936 平方千米，户籍人口 44 万人，常住人口 65 万人。（2022 年）德清一带远在新石器时代就有人类居住，至今包有良渚文化遗址。当地种桑养蚕的习俗也是由来已久，梅林遗址中发展桑树养殖可追溯至上周时期；三国时，武康生产的蚕丝被视为"御丝"①。

德清的非遗项目众多。2007 年，德清的新市蚕花庙会项目入选浙江省第二批非物质文化遗产名录。次年，蚕桑民俗（扫蚕花地）入选第二批国家级非物质文化遗产项目代表作名录，2009 年作为中国传统蚕桑丝织技艺的子项目入选人类非物质文化遗产代表作名录。同年，德清蚕桑生产习俗入选浙江省第三批非物质文化遗产名录；德清县被设立为蚕桑丝织文化生态保护区，并在 2021 年成为浙江省首批文化传承生态保护区。

（二）政府围绕文化生态区的具体措施

1. 制度保障

2021 年 9 月，德清县创建浙江省蚕桑丝织文化传承生态保护区实施方案的通知，通知提出蚕桑保护基本原则，要坚持保护优先，提升传承能力，促进非遗融入现实生活；坚持整体保护，护育文化生态，厚植优秀传统文化传承发展土壤；坚持融合发展，促进共建共享，助推乡村振兴与"丝路文化带"建设；坚持政府主导，社会力量参与，形成全社会共同参与建设的合力；坚持群众主体，提升社区福祉，增强群众的认同感、获得感和幸福感；坚持改革创新，增强发展后劲，促进区域社会全面协调可持续发展。

通知明确指出，要围绕省级蚕桑丝织文化传承生态保护区创建目标，加大组织领导力度，加大政策支持力度，加大责任落实力度，确保高效、有序完成各项任务。

2. 保护措施

加强江南蚕文化馆等基础建设。德清新市镇建设"江南蚕文化馆"，于 2015 年竣工。

保护传承人。蚕桑习俗（扫蚕花地）项目现有三位省级传承人，分别是娄金连徐亚乐和杨佳英。2008 年，娄金连、徐亚乐入选浙江省第二批非物质文化遗产项目代表性传承人；杨佳英于 2021 年入选浙江省第六批非物质文化遗产项目代表性传承人。新市蚕花庙会项目有代表性传承人姚永奎，其 2009

---

① 金杏丽. 德清蚕桑业传承发展的思路［J］. 蚕桑通报，2017，48（01）：38-40.

年申报成为第三批非物质文化遗产项目代表性传承人。德清县注重传承人保护，提供经费补贴，走访慰问 65 周岁以上非遗传承人。

提高非遗保护工作水平，注重检验核查。2011 年，浙江省组织核查组对德清县两项国家级非物质文化遗产项目核查保护传承情况。核查组参观蚕文化馆，观看扫蚕花地表演，强调非遗项目的活态传承，提出增加非遗专项经费。2012 年，德清县非遗中心举办非物质文化遗产保护培训班，对非遗中心及 35 名基层文化工作者进行培训。县文化馆多次开展非遗传承人座谈会，在年末盘点当年工作成果，部署第二年工作布局。并于 2017 年承办第四届中国非遗保护（德清）论坛，达成"共建共享精神家园共识"。

加强非遗宣传。2011 年，德清县的蚕花剪纸、扫蚕花地、手工箍桶等非遗项目在吴山广场的融杭文化活动"德清秀"亮相，加强与杭州文化交流。2012 年，德清县根据《扫蚕花地》编写歌曲《蚕花廿四分》，并参加浙江文化遗产日，赢得满堂喝彩。2017 年，扫蚕花地项目的代表性传承人徐亚乐参与《难忘中国人》非遗组栏目的专题采访，在国家声音博物馆留下德清声音。德清县多次举办非遗文化进校园活动，在青少年心中种下德清地方文化的种子，为非遗保护和传承储备后继人才。

五、总结

蚕桑文化是中国文明的起点，至少已有 4 000 多年的历史，是最具中国特色的文化形态之一。蚕桑丝织是中华民族认同的文化标识，几千年来，它对中国历史作出了重大贡献，并通过丝绸之路对人类文明产生了深远影响。作为蚕桑文化核心地区的杭嘉湖一带，守护传承蚕桑文化就显得尤其重要。文化生态保护区的设立，以保护区的形式来守护传承区域内的蚕桑丝织文化，通过各种途径的宣传，活动的举办，使得原本已近衰落的文化重新走入公众的视野，重新拾起大家对蚕桑丝织的关注和兴趣，这对于传承这一中华民族文化瑰宝有着极为重要的意义。

除了引起大家对桑蚕文化本身的关注外，文化生态保护区的设立对于区域内整体的地域文化有着不可估量的作用。杭嘉湖地区自古以来就是水乡富饶之地，人杰地灵，文化繁盛，保护区设立之后，能够更好地促进区域内整体地域文化的发掘传承。

传统文化的衰落与消亡往往与现代经济快速发展有着分不开的关系，传统文化和非遗技能常常因为无法适应现代经济高速、高强度的发展而逐渐衰落。蚕桑文化的日益衰落同样也是因此。蚕桑曾经是使得杭嘉湖地区富甲一方的重要原因之一，而如今，传统小农经济模式下的蚕桑生产已不再符合社会经济的发展，但是传统蚕桑文化又是非常值得传承发展的优秀文化，也是杭嘉湖地区非常重要的文化符号，保护发展迫在眉睫。随着社会经济发展，越来越多的农民已不愿从事传统的蚕桑养殖，而此时蚕桑丝织文化生态区的建立，同时政府所推出的一系列政策举措将一定程度上改善这一局面。

　　生态保护区的设立，往往也伴随着一系列举措，纪念馆、展示园的建立，能够有效带动当地旅游业发展，广大蚕农就可以改变传统的养蚕模式，桑蚕养殖的同时，借助这一文化符号，可以进行农家乐、民宿等旅游资源的开发经营。又可以增加丝绵制作等体验项目、销售蚕桑文创产品等，在增加广大农民收入的同时客观上也很好地带动了蚕桑文化更好的传播。

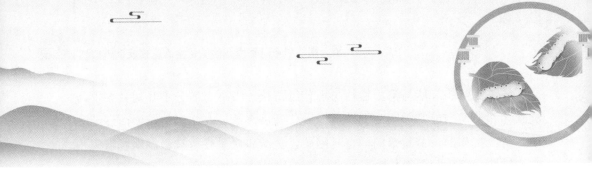

第七章　生产性保护的经验与启示
——以杭州织锦技艺、
杭罗织造技艺为例

一、杭州丝织产业发展概况

纵观中国丝绸发展史，蚕桑文化源远流长，现今集中表现在杭州、嘉兴、湖州一带，并绵延江苏省、四川省、山东省、广西壮族自治区等地区。从丝绸之路到"一带一路"，蚕桑文化连接了中国的历史和世界的未来。而素有"丝绸之府"美誉的杭州，地处富饶的杭嘉湖平原，坐拥得天独厚的适宜桑树生长、桑蚕繁殖的自然地理资源，是我国重要的生丝产地和丝绸加工地之一。

"城市即文化，文化即城市"。丝绸是杭州文化的物化代表，是杭州永不褪色的记忆。一根根极细软的蚕丝，造就了华丽锦缎，织成了杭州乃至浙江省的一部分历史，牵动了整个人类文明的历史进程。杭州丝绸产品的织造历史，最早可追溯到距今约五千年前的良渚文化时期。据《杭州历史丛编》记载，"1936 年以来，考古学家对杭州北郊良渚等地陆续发掘出的大批黑陶、石器、玉器及麻丝绸品等进行考证，确定是距今 4 700 多年以前新石器时代的遗物，史学家称之为'良渚文化'""千里迢迢来杭州，半为西湖半为绸"，经历了数千年的发展的丝绸生产和生活实践，杭州丝绸在众多杭州人看来，不仅仅是作为一种单纯的生活消费品而存在，更是承载了杭州人的生活情趣、历史情怀和艺术感悟，还彰显杭州深厚的文化底蕴。

说到杭州的丝绸文化，就不得不提起古老的蚕丝织造技艺。蚕丝织造技艺是一种历史悠久的汉族传统手工技艺，是中国传统文化中人与自然相和谐的关系、天人合一完美境界的重要体现。对于古人来说，一只蚕的一生，从蚕卵，到蚕虫，再到蚕蛹，最后化茧成蝶，几眠几起犹如人生的几个阶段，可谓人一生的写照。杭州地区的蚕丝织造技艺主要有余杭清水丝绵制作技艺、杭罗织造技艺、杭州织锦技艺。其中，杭州织锦技艺和杭罗织造技艺历史悠久，享誉国内外盛名，传承至今依然保留有精湛的技术和优秀的传承人。随着 2005 年以来全国非物质文化遗产保护策略的全面实施，织锦、杭罗等传统织造技艺保护和发展迎来了新的机遇，生产性保护方式为技艺的"活态性"发展带来了新局面。

二、杭州传统蚕丝织造技艺发展与保护现状

（一）杭罗织造技艺——以杭州福兴丝绸厂为例

1. 杭罗的发展历程

罗是中国传统丝织物，从代表性丝绸品种绫、罗、绸、缎来看，罗排在第二位。杭罗，因生产自杭州得以命名，是用纯桑蚕丝以平纹和纱罗组织而成的丝绸面料。独特的绞经工序，使得它外观上具有规则的横向或纵向排孔，质地上光柔滑爽，花纹上美观雅致，因其透气透湿性能好，耐穿耐洗，在古代多作为帐幔、夏季衬衫和便服面料等，现代则主要用于制作各类夏季服装，以及高档女式时装、旗袍等。杭罗与苏缎、云锦同列为中国华东地区的三大丝绸名产，有着中国"东南三宝"的美誉。

杭罗，作为蚕桑丝织技艺的重要代表，迄今已有 5 000 年的悠久历史。从南宋开始到清代末期，杭罗一直作为杭州织造局的主要贡品，供给皇朝和贵族作为衣服面料。据杭罗织造技艺传承人邵官兴介绍，最早的杭罗生产集中于艮山门外一带，可以说艮山门是杭州丝绸业的老巢。据《梦梁录》和《咸淳临安志》所载，杭州生产的罗有素、花、缬、熟、线柱、暗花、金蝉、博生等，自宋代起杭州生产一种二经相绞的横罗，这也是杭罗的最早形式。到了明清时期，杭罗成为了著名的丝织物品种。清雍正年间，厉鹗在其著作《东城杂记·织成十景图》提到，"杭东城，机杼之声，比户相闻。"[①]古时候，艮

---

① 厉鹗. 东城杂记 [M]. 1936.

山门一带经济发达，自宋元以来，从养蚕的到开染坊的，个体丝织户与机坊作场遍布，产业链可谓是齐全且繁荣，丝织品买卖兴盛，艮山门因此也成为了杭州丝织业的集中地，驰名全国的杭纺的主要产地。杭曲大调《十城门谣》中"坝子门外丝篮儿"一句，说的就是当年艮山门外机坊密集的景象。民国年间，杭罗依然是杭州丝织业产品中极具生命力的一个品种。据 1999 年版《杭州市志》记载，直至 1985 年，杭州丝绸系统能生产的绸缎产品有绸、缎、锦、纺、绉、绫、罗、纱、呢、葛、绢、绨、绡等大类，两百多个品种，两千多个花色。这里提到的罗，便是杭罗[①]。

随着杭州这座城市的崛起，以杭州为中心的丝绸生产逐渐形成规模，并且越来越引人瞩目。而杭罗，也在历代机户、织工们的手中薪火相传、生生不息，散发无尽的韵味。邵官兴曾用三个"唯一"来形容杭罗，那便是"杭州唯一、中国唯一、世界唯一"。

2. 杭罗织造技艺的传承与保护现状

杭州城内，真正意义上的织罗迄今已有 150 余年的历史。从过去到现在，杭罗生产始终坚持"传统水织法"，由于此工艺复杂烦琐，难度较大，对工匠手艺的要求很高，因此历来传人不多。为了能更好地保护和传承杭罗，2008 年 6 月，杭罗织造技艺被列入第二批国家级非物质文化遗产名录；2009 年 9 月 30 日，杭罗织造技艺作为中国蚕桑丝织技艺中的重要代表性项目被列入世界非物质文化遗产名录。杭罗列入国家级和世界级非物质文化遗产名录，一方面说明了杭罗急需保护和传承，面临着消亡的危险；另一方面也说明了人们对杭罗的重视，具有复兴的可能[②]。

传统的杭罗生产通常在家族中、师徒间或村子里得到传承。从规模上看，可分为机坊和机户两大类，其中机坊的织罗技艺主要通过师徒传承，机户的织罗技艺一般则都是家族传承。邵官兴家主要沿袭的便是家族传承

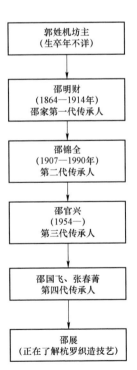

① 任振泰，杭州市地方志编纂委员会. 杭州市志［M］. 3 卷，北京：中华书局，1999.

② 李斌，李强，叶洪光. 杭罗品种、特征及其织机的研究［J］. 服饰导刊，2014，3（02）：75-81.

脉络。邵家祖上从清末光绪年间就开始织造杭罗，从邵官兴爷爷（邵明财）辈开始，家里一直以生产、销售丝织纺织品为主。邵明财的织罗技艺得益于年轻时作为学徒在杭州艮山门莫衙营的郭姓机坊里织罗的经历，后来他将自己创下的产业和习得的全套织罗技艺传给了儿子邵锦全，邵锦全又将该技艺传给了儿子邵官兴。[①]邵官兴作为邵家织罗技艺集大成者，是邵家杭罗织造技艺的第三代传承人，也是目前该技艺最主要的国家级代表性传承人。如今，邵官兴又将自己的织罗技艺以及邵家祖传的杭罗水织秘方传给了同样对杭罗兴趣浓厚、又细心负责的女儿邵国飞和女婿张春菁，希望女儿女婿能够一起将家传的杭罗织造技艺发展并延续下去。邵国飞、张春菁之子邵展目前正在接触并学习杭罗织造技艺。

追溯杭罗织造的发展传承历史，可谓几度沉浮，风雨沧桑，杭罗在时代的风云巨变中几度飘摇。经历了从 1937 年抗日战争爆发到十年"文革"结束，几十年的时间里，杭罗的生产就是在这样遭遇一次又一次的打击后，一次又一次地顽强重生。20 世纪 80 年代中期，杭罗生产从鼎盛又一次走向低谷。由于杭罗始终使用传统工艺织造，生产效率十分低下，伴随着经济的发展，现代化、工业化进程的持续推进，化纤织物的不断普及，杭罗逐渐失去了市场竞争力，发展举步维艰。届时，中国所剩无几的杭罗织造者们有的放弃、有的转行，唯有邵官兴一家坚守了下来，依然延续着最初的模样。"杭罗这一几百年的丝绸文化，目前基本在市面上是看不太到的，面临失传，主要是工艺复杂。现在生产的人比较少，愿意学的人也比较少。我的内心也动摇过，我哭过，也躺在床上睡过几天，我们这一行业为什么这么苦，要坚守下来是很不容易的。但不能放弃，毕竟每一台织机，都是岁月的见证。"

1995 年，邵官兴乘着改革开放的大潮，以坚定的传承之心和传承之责，倾注全部心血，搜罗、保留了目前仅存的 8 台木制传统织机，扩展了自己家的小作坊，创办了福兴丝绸厂。"也就是从 20 世纪 90 年代初起，国内唯一使用传统工艺生产"杭罗"的厂家，就只剩下我们福兴丝绸厂一家了。"在邵官兴看来，"唯一"并非仅是骄傲，它更意味着要肩负传承并延续杭罗文化的重量与责任。

在杭州这座美丽的"丝绸之府"，位于江干区九堡九昌路 55 号的福兴丝

---

① 顾希佳，王曼利. 杭罗织造技艺［M］. 杭州：浙江摄影出版社，2012.

绸厂，常年远离市中心的喧嚣，只听得纺线声和机杼声持续运转、隆隆作响。如今，秉持着让杭罗成为杭州历史的金名片的坚定信念，邵官兴把眼光放到"走出去"上，一面在自家厂房里建立起杭罗博物馆，也是为了让更多年轻人认识杭罗，吸引更多爱好丝绸行业的人接触杭罗，另一面带着杭罗走上了中国国际进口博览会、世界互联网大会，以此让更多的人来了解杭罗。"杭罗作为民族文化，传承是因为责任，保护是为了民族。"邵官兴就是这样守着祖传的杭罗产业，为杭罗这一国之瑰宝延续生命，使其持续焕发时代光彩。

（二）杭州织锦技艺——以杭州都锦生丝织厂为例

1. 织锦的发展历程

谈起我国织锦的历史起源和艺术发展，自创始于商周后，便一直呈现出五色灿烂的色彩，之后技艺更是臻于成熟，形成了不同地域、不同民族的纺织手艺。宋末元初，戴侗在《六书故·工事六》中解释："织采为文曰锦，织素为文曰绮。"[①]由于织造工艺复杂、费工费时，织锦历来"其价如金"。从构字上看，锦由"金"和"帛"左右组成，意为帛中的金子，素有"寸锦寸金"之称[②]。在杭州众多丝织品中，最出名的当属与南京"云锦"、苏州"宋锦"、四川"蜀锦"齐名的杭州织锦。

杭州织锦是以杭产桑蚕丝为主要原料，以吉祥图案、名人书画、摄影作品为表现对象，在特制的提花织锦机上以手工织造而成的重纬多彩织物。用织锦做的衣料被面、装饰面料，可谓是"天上取样人间织"。凭借优质的蚕丝、精湛的技艺、厚重的质地、瑰丽的色彩、丰富的产品，杭州织锦不仅成为了中国著名的丝织品种，且在中国织锦发展史上占据并立足了重要的地位，享被当今世界称为"神奇的东方之花"。

追溯杭州织锦的织造史，最早可至五代十国时期。吴越国王钱镠在杭州设立了专门生产织锦的官营丝绸作坊"织室"，网罗了有高超技艺的"织锦工"300余人。杭州织锦发展至宋朝，交流并融合了南北织锦技艺，根据《梦梁录》卷一八《物产·丝之品》记载，"锦，内司街坊以绒背为佳"，足以可见当时

---

① 戴侗. 六书故·工事六 [M]. 上海：上海社会科学院，2006.

② 章昕彦，徐翀. 经纬线交织出的东方艺术之花——都锦生"杭州织锦技艺"[J]. 老字号品牌营销，2019，（03）：4-5.

的织锦已达到较高的工艺水平。元、明、清以来，无论是工艺还是花纹，织锦都得到了进一步的发展，臻至完美。清朝的厉鹗曾在其著作《东城杂记》中写道："十样西湖景，曾看上画衣。新图行殿好，试织九张机。"①当时的杭州织锦业以工巧闻名全国，更有作为三大官办织造机构之一的"杭州织造局"，生产的织锦专供宫廷使用，受到喜爱的程度可见一斑。

历经千余年发展的杭州织锦有自成体系的三大种类：织锦缎、古香缎和都锦生织锦。其中，以都锦生织锦最为民众所了解，遂成为杭州织锦的代表。曾几何时，杭州城内家家户户为拥有一块都锦生织锦而感到骄傲。直到如今，这些老都锦生织锦已然成了珍贵的收藏品，让收藏爱好者们爱不释手②。

1921 年，杭州织锦迎来了新的机遇，开启了它的百年时代。杭州籍爱国实业家都锦生先生独辟蹊径，经过反复的钻研与实践，根据自己的摄影作品，用手拉机亲手织出《九溪十八涧》，成为中国第一幅黑白风景画织锦的首创。次年，他以自己的名字命名，在杭州西湖茅家埠家中创办了前店后工场的都锦生丝织厂。此后，都锦生在一次又一次的实践中敏锐地捕捉到传统文化艺术改造与市场的契合点，在吸收并继承传统杭州织锦工艺精华的基础上不断改进创新，将中国画与西洋画的表现形式通过织锦工艺体现出来，形成了自己独特且富有东方民族的艺术风格和技术特点。从杭州的风景名胜到历代山水、仕女、花鸟，从织锦毯垫到五彩锦绣、经纬起花丝织风景画，都锦生便是这样在乱世之中匠心独运，织出一幅幅"锦绣山河"，不仅让都锦生织锦在织锦名品中别具一格，更是成功地把杭州的织锦技艺推向了一个全新的高峰。

杭州织锦的代表都锦生织锦经过近百年的发展壮大，一切自然和人类的艺术文明均可纳入方寸经纬之间。当下，在杭州织锦技艺保护单位的杭州都锦生实业有限公司，现有王中华、李超杰、苗雨痕为代表的几位非遗传承人身传言教，延续并发扬着这门古老的传统技艺。

2. 杭州织锦技艺的传承与保护现状

在现代化、全球化的冲击下，社会变迁无时无刻不在发生，传统手工技艺传承生态发生深远改变，这也是非物质文化遗产保护在当下面临的最大挑战。在以都锦生织锦为代表的杭州织锦中，探寻这一项织造技艺的发展脉络

① 厉鹗. 东城杂记［M］. 1936.

② 金斌. 传承：都锦生织锦技艺［J］. 杭州，2020，No.586（12）：72-75.

和传承现状，可以发现，不同于杭罗织造技艺以家族为单位的传承模式，杭州织锦技艺主要以"师徒相授"的传承方式前赴后继、代代相传。

历经近百年的不断实践、传承、保护、创新和发展，杭州织锦形成了纹样设计、意匠纹制、装造、经线、纬线、织造、后期整理及包装成品检验等 58 道传统工序，都锦生织锦则更是形成了三大系列一千六百四十余个花色品种。

传统的织锦工作，从意匠设计、原料准备、工艺手段的制定到机器配置，不光生产过程极其繁复，劳动强度大，学艺周期也很长，再加之技艺的传承主要靠师徒间的口口相传，等学到多少就要靠自己的悟性。因此，对传承人和技师来说，学艺讲究的是心平气和，考验的是耐心和体力。其中，在都锦生织锦生产的传统工艺中，以设计、意匠纹制难度最大。意匠设计是织锦的灵魂，不仅织锦画的成功与否取决于意匠图，意匠绘制人员对意匠绘图的组织点及其变化规律的掌握程度、绘画技术和美术水平更是关键，直接关系到织锦的品质。纹板、轧制则是意匠设计到织锦织制的桥梁，各类织锦都必须经过这两个工艺的设计制作，最后才能到织机上织制，精美的织锦才能呈现出来。由于"文化大革命"中织锦工艺遭到严重损失，虽经努力，织锦工艺得到部分恢复，但现在众多设计、意匠技师已年老退休，加上电脑设计绘制系统的大量运用带来的冲击，传统的织锦手工工艺逐渐被遗弃[①]。时下，能完成杭州织锦从开始设计到织造生产成产品所有工序的技师已寥寥无几，且高龄化现象较为严重。

伴随着非物质文化遗产愈发被民众所重视和关注，为了能更好地保护、传承和发展杭州织锦技艺，2005 年，杭州织锦技艺被浙江省人民政府公布为第一批浙江省非物质文化遗产代表作名录；2009 年，王中华、李超杰成为杭州织锦技艺第三批浙江省级非物质文化遗产项目代表性传承人；2010 年，都锦生实业有限公司被浙江省文化厅列为非物质文化遗产生产性保护基地。2011 年，都锦生杭州织锦技艺成功列入"第三批国家级非物质文化遗产名录"，与四川蜀锦、南京云锦、苏州宋锦同称为"中国四大民锦"。

此外，作为杭州织锦技艺保护单位的杭州都锦生实业有限公司也在技艺的传承和保护上做了多方面的努力，用心呵护并尽力传承这老底子留下来的

① 孙敏，李超杰. 杭州织锦技艺 [M]. 杭州：浙江摄影出版社，2016.

传统手工技艺。在坚守杭州织锦古老传统技艺的基础上，都锦生织锦积极探索传承与发展更多的可能性，与现代科技相结合，着力开发新工艺、新技术和新产品，让都锦生织锦、杭州织锦更具时尚气息与现代活力。依托都锦生织锦博物馆为宣传窗口，织锦工厂为非遗生产性保护基地，杭州都锦生实业有限公司实施了多元化的经营，并形成了以都锦生织锦博物馆为龙头，集丝织工艺品生产、展示、参观、旅游、休闲、购物、餐饮、娱乐于一体的工业旅游中心。也正是其具有的包容性和开放性，使得都锦生织锦受到更广泛人群的喜好。

"都锦生"，从最初是一个名称，随后成为一个厂名，再之后又被称为工艺品，再到造就一个织锦博物馆，经过近百年的沧桑变迁，它用实力经受住了时代的考验，已然成为杭州丝绸的标志之一，向世界保持并释放着属于杭州织锦独特的文化魅力和强大生命力。唯有传承人的代代相传，才能让这门老手艺生生不息。都锦生织锦成长与发展的每一步都离不开每一位都锦生人的努力继承和发扬，使都锦生丝织厂一次次起死回生到如今越走越远，演变成为我国规模最大的丝织生产基地。

时下，只有都锦生织锦博物馆里的一些小样、轧花还一直静静地躺在那里，陪伴着那些手拉脚踏织锦机、手拉织机为织锦而生的人。"国家稳定、富强，是我们美好生活的保证。只有国家越来越好，都锦生才能有更好的发展，我们个人的生活也会更加富足。我们都锦生如果做不了五百强，也要把它传承五百年！"[①]

三、杭州传统蚕丝织造技艺生产性保护的现实困境

绞经织物织造技艺在非物质文化遗产传承中有一定的特殊性，包括杭州织锦技艺、杭罗织造技艺在内的杭州传统蚕丝制造技艺在现今的传承中面临了一系列的现实困难，在现代化进程和市场经济大潮的冲击下走向了发展低谷。一方面，作为丝绸制作主体的手工艺人正在慢慢凋零，代际传承面临颇多难处；另一方面，养蚕生产规模的萎缩，工艺成本和收益之间的矛盾，使得织锦、杭罗的生产日渐难以为继。此外，资金匮乏、市场单一也制约着织

---

① 苗雨痕：都锦生实业有限公司织锦技师、国家级非物质文化遗产杭州织锦技艺新生代传人。

锦、杭罗的发展。

（一）传承人保护和培育不力：艺人年老，后继乏力

织锦和杭罗等丝织品的生产发展到今天，随着社会和技术的深刻变革，以及多元文化的影响和浸润，传统手工技艺的传承生态发生深刻改变。要使杭州传统丝绸产业薪火不绝、永葆特色，任务艰巨。其中，技艺的传承是关键，更是当务之急。从优秀的非物质文化遗产传承和保护的目的和要求出发，纵观杭州传统的蚕丝制造技艺，其传承现状不容乐观，不论是在都锦生丝织厂还是福兴丝绸厂，技工的年龄结构已呈不合理状况，出现断层的现象，技术精良的老师傅年事已高，年轻技工寥寥无几，传承后继乏人之状况甚危。织锦的生产，杭罗的生产，接下来谁来接班是个严峻的问题。"艺人年老，后继乏力"局面的出现，究其原因，有客观原因，也有主观因素，有外部条件，也有内在根源。

从客观来看，繁琐精细的织造手法、织造工艺设计和织机装造技艺，大大提高了织锦、杭罗等丝织产品的保护与传承的难度，进而制约了织锦、杭罗的进一步发展。杭州织锦有 58 道传统工序，杭罗织造有 20 余道传统工序，大部分工序都是需要靠人的记忆和手感去进行编织操作的，这是现代机器无法替代的。此外，当下杭罗织造技艺的传承模式可以说是传统意义上的家族传承，虽有年轻人在家庭的熏陶和影响下开始接触、学习这项传统手工技艺，但没有形成规模。

主观上，一方面，虽说对杭州织物的感兴趣的人群逐渐增多，但依然很难有年轻人愿意静下心来欣赏、学习这些东西。另一方面，相比于其他职业，手工织造业在技术传授相对困难，工作单调且辛苦，不仅需要有吃苦耐劳的决心和耐心，还要经历较长时间的磨炼，反馈周期长，因此能坚持下来的艺人少之又少。以杭罗织造技艺为例，传统的水织法要求织造者即使是在寒冷的冬天，也要经常把手浸在泡蚕丝的水中，一些年轻学徒往往因禁不住苦累及并不丰厚的报酬半途而废，真正愿意留下来的寥寥无几。

邵官兴的女婿，杭罗织造技艺第四代传承人张春菁表示："传承听起来是一件学你家族里非常盛行的手工艺，应该是非常容易的吧，但其实不是。举一个非常简单的例子，在杭罗的整个织造过程里面，非常重要的关键环节叫水织，这是用语言无法描述的。我的岳父岳母凭着手的感觉来判定它是否达

到织造的要求，让他们去告诉你他手上的感觉是什么，这是非常难的。而且他即便告诉你了，你也很难去理解，我们去尝试理解这种感觉，可能不是三年五年就能解决的问题。传承对于我们来说，不是今天也不是明天，不是今年也不是明年，而是说不停地去努力，不停地去传承，是可能你需要花一生的时间去学习的内容。直到今天我都不能说我岳父手上的感觉和我手上的感觉是一致的，我没有这种信心。"[①]从小在杭罗生产环境中长大的邵国飞也认为"由于杭罗工艺的关系，没有一种非常标准化的数据可以给我们利用，所以只能在不断的实践中来琢磨这些。"[②]"而且杭罗工序复杂难学，最少也要7年实践才能学到全套工艺。"[③]这又从某种程度上隔绝了一大批人入行。可以说，有较高艺术素养和职业操守的人才非常紧缺，从而制约了织锦、杭罗的传承与创新发展。培养年轻一代的杭州织锦和杭罗的生产者，将传统手工织造技艺从老一辈艺人手中接过并不断加以发扬光大，成为当下最迫切需要解决的问题。

（二）原料缺乏，养蚕生产规模萎缩

杭罗、织锦的生产完全依靠生产者的技巧来完成，不仅对手工技能的要求很高，且对原材料蚕丝的要求极高。"我们是用传统工艺生产的，织杭罗要用纯桑蚕丝。一般来讲杭嘉湖地区产的蚕丝质比较好，一是牢度高，二是粗细匀称，三是有光泽，最好的是桐乡丝了。这和杭嘉湖地区的桑叶质量、气候条件和蚕茧生产历史都有很大关系，所以当年外销的杭罗基本上都是用杭嘉湖的蚕丝生产的，质量靠得牢。杭罗最有特点的是水织技术，是先浸泡后织的，从原料蚕丝加工到摇纤织造蚕丝都浸泡在特殊的水溶液里。这个水织秘方是祖上传下来的，是制造杭罗的精髓。这样织出来的杭罗你摸起来手感特别柔软，热水泡泡也不会走样。现在也有用现代技艺织，那个比较粗糙，用热水泡就会起泡，缩水的。"[④]

在工业化、城镇化持续推进的背景下，由于经济结构的改变，传统的蚕桑丝织正面临着危机。杭罗、织锦制作原料缺乏，成为无源之水。这一方面

---

① 张春菁，杭罗织造技艺第四代传承人。

② 邵国飞，杭罗织造技艺第四代传承人。

③ 邵官兴，杭罗织造技艺第四代传承人。

④ 同③。

是由经济效益下降，蚕民生产积极性降低所导致；一方面也与蚕茧收购市场不规范有关，从而制约了蚕茧质量的提高。在杭嘉湖一带的蚕乡，养蚕的农户相比过去急剧减少。从主观上讲，养蚕是一件辛苦活，且收益低微，再加上近年来农村不断发展乡村旅游、种植中药材，综合收入来源多。因此，不仅青壮劳动力大多不愿养蚕，外出务工增多，也使得很多农户放弃养蚕，纷纷转行选择其他的出路，只留下一些老年蚕户还在勉为其难地养着一些蚕，养蚕劳力日趋紧张，生产规模明显萎缩。客观上来说，由于相当部分蚕农没有专用蚕室或蚕室面积过小，导致养蚕用房紧张与农民日益要求改善居住条件的矛盾日益尖锐，劳动力成本及物料成本的进一步上升蚕茧收入已无法成为农民主要收入来源，蚕农不愿继续投入资金到蚕桑生产。蚕农生产积极性不高，生产管理更加粗放，制约了养蚕水平提高特别是省力化养蚕技术的推广。不仅如此，就目前而言杭州市内大部分地区蚕茧收购市场并不规范，部分区域仍存在压价收购，毛脚茧抢购，质量好差一个价的现象，严重影响农民养蚕积极性，打击实施新技术的意愿，影响蚕茧质量的提升，蚕桑产业转型升级困难重重[1]。

近年来，科技的发展、新技术的进步对传统工艺造成了巨大冲击，杭州传统蚕桑丝织造技艺一时难以为继，保护和传承这项古老的工艺已成为迫在眉睫的任务，需要政府部门和民间社会共同努力完成。为提升蚕桑生产的区域化、规模化、良种化、优质化程度，背靠省市县各级政府的支持，杭州市通过项目带动、技术扶持，在亩桑产值方面做了一系列努力。如对蚕桑生产的配套设施进行发展改造，加大原蚕区建设的力度，一定程度上提升了农户种桑养蚕的积极性。

（三）传统手工技艺与现代化的冲撞：织机老旧，生产效率低下

"杭州织造"造就了杭纺工艺的巅峰，无论是杭罗还是织锦，之所以能有如此优越的穿着体验，与它们的传统手工技艺密不可分。然而，随着现代化科学技术飞速发展、机械化程度不断提升，传统手工技艺类非遗项目受到的冲击是巨大的，不仅会改变人类文化选择和消费的方式，更大程度地会破坏传统手工技艺的独特性和传承。

① 茍娜娜，倪春霄，鲁华云，等. 强化资源优势推进杭州蚕桑产业发展 [J]. 江苏蚕业，2015，v.37；No.145（01）：37-38.

如果说传统技艺的核心是手艺，那么织机便是绞经织物技艺传承的基础。以杭罗的织造为例，1949 年后，我国开始大规模淘汰效率低下的手工织机，其中就包括杭罗织机。发展到八九十年代，伴随着工业化的迅速发展，化纤和人造纤维的渐受欢迎，再加上本身体制的束缚，人才与技术的流失，残酷而无情地淘汰着像织罗这样的手工业种，正如杭罗、织锦这类真丝产品的生产遭遇危机。2005 年，福兴丝绸厂保留下世界上最后 3 台纯手工杭罗织机和 8 台半自动织机。

虽说织造绞经织物的织造成本高，不光有织机和丝线等硬性成本，还包含了工艺难度带来的附加成本、用人和用地等方面的成本。与此相冲突的是，在织造成本不断上升却依旧要保持着大量精细缜密的手工技艺的同时，织造出的绞经织物成品却没有相应地升值。并且，因生产效率和产量的低下，无法大批量生产销售而使产品的受众面日渐缩小，技艺传承阻力重重。而工艺成本与收益的矛盾更是加剧了织造技艺传承过程中的困难。生产杭罗、织锦的技师们也曾想通过改良生产工艺的办法来降低生产成本，但最终因技术和资金不足而无法实施。因此，当时本着保护民间手工艺的原则，杭罗织造技艺的传承人邵官兴"以副养主"的方式，通过在厂里发展并经营定制服装、开发新的丝绸产品来助力杭罗继续维持其正常生产，最终使杭罗得以延续"存活"。尽管如此，杭罗的生产工艺依然停留在半手工的状态，经济效益也始终无法和其他企业相提并论。

"杭罗要发展，最为重要的是提高生产效率。杭罗，我织了一辈子，也改了一辈子。"[①]杭罗织造技艺的传承人邵官兴曾将打结接头作为技艺传承的重要部分，而在实际织造的过程中，蚕丝磨损断头的现象不可避免，再次加大了织造工艺难度、影响了织造效率。凭借多年经验、通过不断反复试验，邵官兴完成了传统杭罗水织法的半自动化改造。经过改良后的杭罗织机，能够在保证质量的情况下，每天每台机器生产杭罗 18～20 米，比原来的手工织机生产效率提高几倍。虽然比起原来效率提高了，可是在经济社会、移动互联网、新兴科技迅速发展的今天，传统手工艺市场条件匮乏，生存颇为艰难。年轻群体也在现代化的思想与潮流的影响下更渴望去了解科技、娱乐方面等知识，传统的文化消遣方式正在被电子的、新兴的各种娱乐产品所取代。他

---

① 邵官兴，杭罗织造技艺第四代传承人。

们中的大多数失去对中国传统手工艺文化失去兴趣，对传统手工的传承和弘扬意识非常薄弱，因此，在发展的今天，诸如杭罗、织锦等传统手工织造技艺的传承渐渐步入了困境，其传承环境也正在被破坏。

四、杭州传统蚕丝织造技艺生产性保护的策略思考

近年来，社会更多地关注到非物质文化遗产的保护，并在实践中不断地探索实际、有效地保护非物质文化遗产的措施。当前，中国在实施非遗保护中，主要采取"抢救性保护、生产性保护、整体性保护、立法性保护"这四种重要方式。其中，生产性保护方式被认为传统技艺、传统美术和部分传统医药类非物质文化遗产领域最有条件实施和实践。这一概念最早出现于 2006 年王文章先生主编的《非物质文化遗产概论》，指出"生产性保护是非物质文化遗产保护的基本方式和原则之一。"①从本质上看，这种保护方式是通过一定程度的市场经济和生产实践，促使传统文化遗产在符合其自身发展规律的基础上找到在当代社会中的合理定位，从而保持非物质文化遗产的真实性、整体性、传承性，实现非物质文化遗产的传承与延续。它既体现了我国政府在开展此项工作方面的独创性，又与联合国教科文组织颁布的相关文化公约的精神一致。

杭州织锦技艺和杭罗织造技艺作为传统技艺类非物质文化遗产，其文化内涵和技艺价值是在生产实践中产生，要靠生产工艺环节来体现，广大民众则主要通过拥有和消费杭罗、织锦的物态化产品或作品来分享非物质文化遗产的魅力。有基于此，可以就杭州织锦技艺、杭罗织造技艺为代表的杭州传统蚕丝织造技艺在生产性保护的实践模式和存在的问题，从政策、传承人、市场以及技艺等方面，提出生产性非遗项目保护与发展的建议，以期为实现杭州传统蚕丝织造技艺复兴提供参考借鉴。

（一）生产性保护的政策倾斜

根据非遗生产性保护的特征，主要体现在：一是拥有一定程度的市场化，具有相当的生产规模、工艺创新、销售渠道、消费市场；二是体现"人"和

---

① 王文章. 非物质文化遗产概论 [M]. 北京：文化艺术出版社，2006.

"手工"的价值，而不是机器的价值，产品具有形态差异和艺术个性，其中不完全排斥现代机械手段的使用；三是保护与传承的核心为留住老艺人，吸引新艺人①。由此来看，非遗传统手工技艺生产性保护工作任重道远，其传承活力的焕发仍需政策、教育、社会等多维系统的支撑，形成"政府引导＋传承人主导＋社会参与"保护机制尤为紧迫。

从政府层面来说，政府作为杭罗织造技艺、杭州织锦技艺生产性保护过程的引导者，应当依据非遗的特性，同时遵循非物质文化遗产的规律来采取相应的保护方式。有关政府需加强非遗生产性保护工作的探索和实践，切实承担起组织和领导责任。通过出台相关扶持政策，加大具有生产性保护意义的非遗项目的扶持力度，尤其是目前制约生产性项目发展中的融资、信贷、税收、土地等方面的优惠扶持政策，切实地做好非物质文化遗产生产性保护工作。努力寻求破解企业介入模式不顺、发展合力不强等瓶颈，推动非遗创意人才培养和区域特色文创产业发展。此外，生产性保护方式还应解决非遗产品的认证标准问题，对于如杭罗、织锦等完全依靠传统手工技艺制作的传统形态的产品，因其具有突出的文化传承功能，因此，可采取政府礼品采购的方式予以支持。

有关其他积极的举措，还可以从人文关怀方面入手，如注重对传承者的生活关怀，关心老艺人的生活。对于一些已经离厂且只有微薄的经济收入的老师傅们，政府要予以关怀，一方面使他们晚年生活有保障；另一方面要充分发挥他们的余热，邀请他们出来起好传、帮、带的作用，使更多的年轻人能关注杭罗、织锦，愿意了解甚至深入学习杭罗、织锦等产品的织造技艺，让老师傅们长年积累起来的精良技艺代有源源不断的传人。

（二）创新人才培养模式，建立多样化的社会教育机制

就保护传统手工艺这一非遗类别而言，保护工作的基础是要先弄清手艺人的生产力或者说创造力究竟是通过什么方式体现出来的②。传统技艺属于经验性知识，技艺的呈现主要依靠手艺人的实践活动，因此它是非物质的、以活态形态存在的。由于时代发展和城市化进程加快，在机械化、批量化的现代生产方式中，传统的文化形态都在渐渐远离我们的生活，诸如杭州传统蚕

---

① 陈映婕. 走出瓶颈：浙江青田石雕的生产性保护经验［J］. 文化遗产，2015，No.34（01）：30-37.
② 邱春林. 手工技艺保护论集［M］. 北京：文化艺术出版社，2018.

丝织造技艺等手工技艺性非物质文化遗产的市场逐渐萎缩，保护难以为继，最直接原因还是传承人的缺失。

非物质文化遗产强调人的主体性，传统技艺的可持续发展关键在于人才培养。因此，在做传承人技艺的抢救性保护工作时，生产性保护强调既要坚持设立代表性传承人的初衷，也要尊重其个人的发展意愿。如何使传统手工艺人得到应有的认可和尊重，使传统技艺得到更好的传承，如何让百姓对耗费大量时间和精力的传统手工技艺保持一份热情和重视，传承人群体的培养不可或缺。

邱春林认为，"非遗文化要想传承得好，就要技术民主化程度高"[1]国家在非遗保护工作中应该鼓励传承人面向社会公开选拔贤能，选拔有兴趣、有毅力、有条件传承的徒弟，不能固守自己的家族利益，这是代表性传承人应当具备的社会责任感，而且应当将这些社会责任落实到位。杭罗织造技艺、杭州织锦技艺想要持续性传承与发展，相比过去祖祖辈辈师徒传承的模式，积极探索传承新方式十分重要。同时，政府、企业、高校和学者等社会力量作为杭州传统蚕丝织造技艺生产性保护过程的主体，理应积极参与非遗相关的活动，包括为传承人的传习活动提供场所和空间，拓宽传承人的传授途径和学习交流渠道，从而提升传承人传授技艺的主动性，最终起到传播非遗文化，提高大众对非遗的认知度的效果。

在这一点上，浙江理工大学背靠拥有丝绸学院和设有"丝绸和纺织"这一核心学科优势，肩负起新时代振兴丝绸织锦事业发展的历史使命。为了更好地传承、弘扬和创新织锦非遗，促进织锦非遗的可持续性发展，2017年，浙江理工大学成立了纺织非遗研究所，其"织锦技艺传承及创意设计研修项目"入选文化和旅游部、教育部、人力资源社会保障部"中国非物质文化遗产传承人群研修研习培训计划"。四年来，浙江理工大学深耕织锦非遗研究，通过不断探索创新和经验总结，积极为传承人与产业之间搭建合作的桥梁，已相继为全国20余个地区的120余名织锦传承人及从业者提供了研修培训，大大提升了织锦非遗的影响力和社会关注度。2020年，浙江理工大学创新性地举办了研修回炉班，旨在让之前参加过研修的传承人再次深造，通过创作和合作开发一系列织锦非遗创意产品以得到新的提高；同时帮助新学员提

① 邱春林. 技艺因人而存在：非物质文化遗产活态传承的关键 [J]. 艺术评论，2012（7）：27-32.

升，培养织锦非遗保护和传承的领军人才，从而促进和实现织锦创意和技艺的飞跃。

可以看到，在时间的冲刷下，非遗无论多么艰难，都有传人凭着一份热爱、责任与期待，始终坚守在传承的路上，向他人发声，向世界发声。我们期待着越来越多的人尤其是青年群体加入保护与传承杭罗、织锦的队伍中来，让杭罗、织锦的生命力愈发顽强。

（三）完善生产性保护"区域性模式"的培养

对于普通百姓尤其是现在的年轻人而言，体验非遗的意义远比知晓非遗来得更重要。近几年，作为传承、传播和弘扬中华优秀传统文化的重要载体，流行综艺节目在非物质文化遗产的推广中也起了举足轻重的作用，诸如《我在故宫修文物》《上新了故宫》《舌尖上的中国》《寻找老手艺》等纪录片，以及《国家宝藏》等综艺节目花样呈现我国古老的传统文化，产生了强烈的社会反响。这些文化类节目深度挖掘我国物质文化遗产、非物质文化遗产中的感人故事和价值内涵，有机融合综艺、真人秀、文创、旅游等形态元素，运用大众化、年轻化、时尚化的表达、传播形式，让观众特别是年轻观众在观看、参与、体验、互动中真切感受文化遗产的深厚内涵和无穷魅力，它们的意外走红，也在潜移默化地塑造着新的"国潮"，也让年轻人找到了自己对非遗文化的兴趣点，变得越来越愿意去了解和体验非遗。

进而言之，倘若想要人们对于非遗文化有更透彻的了解，那么亲身体验无疑是再好不过的老师。现实是，对大多数年轻人而言，有一个能让他们真正接触并且能够亲自深度体验到非遗文化的平台和活动并不多见，导致人们总有一种"我熟悉非遗，但非遗它不认识我。"感觉。因此，鼓励原本就有一定产业规模的非遗保护单位因地制宜，量力而行，实施"工厂＋博物馆＋传承人技艺研究中心＋文化观光旅游线"多元一体和人文生态整体保护模式，在建立传习场所和具有社会教育职能的展示非物质文化的场所的基础上，打造一系列能够体验非遗文化的平台对年轻人来说十分重要，成为当下推广传统技艺类非遗项目的新兴之举。

除此之外，要让年轻一代有人喜欢织锦、杭罗这类传统手工艺，并且愿意去学习，关键是要提高织锦、杭罗织造的经济效益，要使从事这门技艺的人有利可图。在经济社会中，一种非物质文化遗产能够得以传承和发展，固然有其自身的发展规律，但不可忽视其中经济利益驱动的杠杆作用。另外，根据杭罗织造技艺、杭州织锦技艺部分工序操作性的强弱，可考虑让"非遗进校园"，将技艺引进课堂，积极与杭州本地的有关技校合作，开设相应的专业课，作为一门技艺课加以正规的培训，真正使杭州织锦技艺、杭罗织造技艺后继有人，传承光大。

（四）审慎处理保护传承与开发利用的关系，打造杭州丝织品非遗资源链

对于传统技艺类非遗项目来说，落实到传统技艺与非遗产品本身上，在实际开展"生产性保护"实践进程中，尤其要处理好保护传承和商业开发之间的关系，平衡好其中的"变"与"不变"。非遗生产性保护工作曾提出六个坚持，其中一个便是坚持保护优先、开发服从保护原则。

首先，保护是基础，任何开发都必须服从保护工作的需要。于传承人而言，应该牢记传承是传统技艺生产性保护的根本任务，其次才是创新，目的是更好地有效地去传承与保护传统手工技艺。从概念出发去理解，保护强调"活态传承"，这本身就包含创新之意，否则称不上"活态"。传统技艺类的非遗项目，其技艺因人而存在，也只能通过人传人的方式代代传递，这一过程本身就是非物质的。那么，在人传人的活态传承过程中，就必然有创新和发展[①]。

文化随着时代的变化而变化，面对创新与传统的矛盾，既要充分认识和尊重"制随时变"的历史规律性，也要谨慎对待产业化生产，坚持传统工艺流程的整体性和核心技艺的真实性。因为只有传统手工技艺的真实性得以保持，杭罗织造技艺、杭州织锦技艺才算是真正地得到了传承与保护。在谈起杭罗织造技艺的传承与发展过程中，邵国飞说道："我父母身上的坚持让我十分感动。我也问过他们要不要考虑转行，但我父母说这个东西是你爷爷的爷爷传承下来的，可以说曾经杭罗是养活我们一大家子的重要经济来源，我们如果不坚持下去的话，杭罗就有可能从此在历史舞台上消失了。这种坚持可能很多现在的年轻人都无法理解，包括我自己当时也无法理解，但随着时间的推移，我觉得我越来越能理解他们，因为我觉得我身上也越来越有这种责任。我觉得我们需要进行一些大的改良。因此我们对杭罗有非常多的计划，

---

① 邱春林. 手工技艺保护论集［M］. 北京：文化艺术出版社，2018.

也有很多的希望，我们希望它能够不光在我们的手上传承下去，也希望它能够走出国门，让更多的人看到杭罗，这好像是我们的使命，代代相传，传给我们的下一代，而且是必须传承。"①

发展才是最好的传承，只有发展才能使传承的链条不断裂。值得注意的是，墨守成规不是真正的继承，一味地求大、求新、求全也不是真正的创新。杭罗织造技艺传承人邵官兴一直认为，本土手艺既要有文化自信，也要懂得虚怀若谷，只有吸取世界上其他民族的优秀文化，杭罗才能健康发展。同样，杭州市都锦生实业有限公司织锦技艺的新一代传承人苗雨痕每天的工作，也是扎根于织锦技艺的创新和研制。发展与创新始终是在保护工作框架底下进行的，这并不意味着去改变非物质文化遗产的内涵，也不意味着能够随意改变非物质文化遗产的传统生产方式，而是要在尊重历史、呵护传统的基础上重点去开发市场。生产性保护允许非遗产品融入时尚、流行元素，将传统技艺与现代审美趣味有机融合，以便确保非遗自身的生命力。在互联网经济时代下，当代传统工艺美术品不仅自身要在提高产品品质上下功夫，而且需要"制随时变"，展现一个时代的独特创造性。而这种独创性，不仅体现在新工艺、新材料、新技巧等工艺革新上，也要求作品在传播中华文化主流价值取向的基础上，敏锐地包含当代审美新风，准确传递出这个时代的精神价值，持续推出符合现代人审美观念的文创产品，从而更好地唤起人们的文化认同感。

五、总结

非遗的传承与保护具有特殊性。就传统技艺类非遗项目而言，复杂的工艺佐以日复一日地钻研与耐心，方能成就一份非遗的魅力。传统手工艺品作为手工艺文化的物质精髓，应走向市场而不是蜗居于街头巷尾，更不能被世人所遗弃。而当下，诸如杭罗织造技艺、杭州织锦技艺受现代化、科技化和全球化的影响面临传承乏力、渐次消失的困境，这不仅需要自身的革故鼎新，更需要一个适合它们发展的社会环境，需要老一辈的热爱与坚守，也需要新血液的涌入，去了解、热爱、保护和支持它们的发展，给一代又一代的人们

___
① 邵国飞，杭罗织造技艺第四代传承人。

带来更新、更美的视觉和触觉体验。与其说是保护诸如此项的非遗传统技艺，不如说是保护传承非遗的一整条产业链，原料、资金、人才、技术、市场、政策缺一不可，也只有真正将每一个环节都落到实处，才能为非遗的传承点燃生生不息的能量。

参考文献

（一）地方志及文人笔记

[1]（宋）戴侗. 六书故［M］. 上海：上海社会科学院，2006.

[2]（宋）周密. 武林旧事［M］. 杭州：浙江古籍出版社，2011.

[3]（明）胡宗宪，武进，薛应旂. 嘉靖浙江通志［M］. 明嘉靖十四年刊本.

[4]（明）栗祁，唐枢. 万历湖州府志［M］. 上海：上海古籍书店，1963.

[5]（明）夏时正. 成化杭州府志［M］. 济南：齐鲁书社，1996.

[6]（明）高应科. 西湖志摘粹补遗奚囊便览［M］. 明万历二十九年刻本.

[7]（明）宋应星. 天工开物［M］. 上海：商务印书馆，1954.

[8]（明）汪然明. 西湖韵事［C］.（清）丁丙撰辑. 武林掌故丛编. 北京：京华书局，1967.

[9]（明）田汝成. 西湖游览志余［M］. 杭州：浙江人民出版社，1980.

[10]（明）张岱. 西湖梦寻［M］. 上海：上海古籍出版社，1982.

[11]（清）侯元棐. 康熙德清县志［M］. 康熙十二年刻本.

[12]（清）徐秉元，仲宏道. 康熙桐乡县志［M］. 康熙十七年刻本.

[13]（清）乾隆官修. 续通典［M］. 杭州：浙江古籍出版社，1988.

[14]（清）嵇曾筠，沈翼机. 浙江通志［M］. 台北：台湾商务印书馆，1984.

[15]（清）厉鹗. 东城杂记［M］. 清乾隆间稿本，浙江图书馆藏.

[16]（清）张履祥. 补农书校释［M］. 北京：农业出版社，1983.

[17]（清）范来庚. 道光南浔镇志［M］. 道光二十年刻本.

[18]（清）许瑶光，吴仰贤. 光绪嘉兴府志［M］. 台北：成文出版社，1970.

[19]（清）阮元. 两浙輶轩录［M］. 上海：上海古籍出版社，2002.

[20]（清）丁丙. 武林坊巷志（第二册）［M］. 杭州：浙江人民出版社，1986.

[21]（清）鲍廷博. 鲍廷博题跋集［M］. 杭州：浙江古籍出版社，2012.

[22]（清）袁枚. 随园诗话［M］. 杭州：浙江古籍出版社，2016.

［23］（民国）周庆云. 南浔志［M］. 民国十一年刻本.

［24］杭州市方志编纂委员会. 杭州市志［M］. 上海：中华书局，1997.

［25］实业部国际贸易局. 中国实业志：浙江省［M］. 实业部国际贸易局，1933.

［26］浙江省名镇志编纂委员会. 浙江省名镇志［M］. 上海：上海书店出版社，
1991.

［27］浙江省地方志编纂委员会. 重修浙江通志稿［M］. 北京：方志出版社，
2010.

（二）专著

［1］西嶋定生. 中国经济史研究［M］. 冯佐哲，邱茂，黎潮译. 北京：农业
出版社，1984.

［2］埃弗里特·M. 罗吉斯，拉伯尔·J. 伯德格. 乡村社会变迁［M］. 王晓
毅，王地宁译. 杭州：浙江人民出版社，1988.

［3］欧文·戈夫曼. 日常生活的自我呈现［M］. 黄爱华，冯钢译. 杭州：浙江
人民出版社，1989.

［4］费正清. 剑桥中华民国史［M］. 上海：上海人民出版社，1991.

［5］费正清. 剑桥中国晚清史（上卷）［M］. 北京：中国社会科学出版社，1994.

［6］魏斐德. 洪业：清朝开国史［M］. 陈苏镇，薄小莹等译. 南京：江苏人
民出版社，1995.

［7］王铭铭，王斯福. 乡村社会的秩序、公正与权威［M］. 北京：中国政法
大学出版社，1997.

［8］王铭铭. 村落视野中的文化与权力：闽台三村五论［M］. 上海：生活·读
书·新知三联书店，1997.

［9］折晓叶. 村庄的再造：一个“超级村庄”的社会变迁［M］. 北京：中国
社会科学出版社，1997.

［10］明恩溥. 中国乡村生活［M］. 午晴，唐军译. 北京：时事出版社，1998.

［11］施坚雅. 中国农村的市场和社会结构［M］. 史建云，徐秀丽译. 北京：
中国社会科学出版社，1998.

［12］瓦尔特·本雅明. 本雅明文选［M］. 北京：中国社会科学出版社，1999.

［13］格尔茨. 文化的解释［M］. 韩莉译. 南京：译林出版社，1999.

［14］保罗·康纳顿. 社会如何记忆［M］. 纳日碧力戈译. 上海：上海人民出

版社，2000.

[15] 阎云翔. 礼物的流动：一个中国村庄中的互惠原则与社会网络［M］. 李放春，刘瑜译. 上海：上海人民出版社，2000.

[16] 保尔·汤普逊. 过去的声音：口述史［M］. 覃方明等译. 沈阳：辽宁教育出版社，2000.

[17] 莫里斯·弗里德曼. 中国东南的宗族组织［M］. 刘晓春译. 上海：上海人民出版社，2000.

[18] 于建嵘. 岳村政治：转型期中国乡村政治结构的变迁［M］. 北京：商务印书馆，2001.

[19] 裴宜理. 上海罢工：中国工人政治研究［M］. 刘平译. 南京：江苏人民出版社，2001.

[20] 斯波义信. 宋代江南经济史研究［M］. 方健，何忠礼译. 南京：江苏人民出版社，2001.

[21] 费孝通. 江村经济：中国农民的生活［M］. 北京：商务印书馆，2002.

[22] 赵世瑜. 狂欢与日常：明清以来的庙会与民间社会［M］. 上海：生活·读书·新知三联书店，2002.

[23] 黄树民. 林村的故事：1949 年后的中国农村变革［M］. 素兰，纳日碧力戈译. 上海：生活·读书·新知三联书店，2002.

[24] 杨念群，黄兴涛，毛丹. 新史学：多学科对话的图景（上下）［M］. 北京：中国人民大学出版社，2003.

[25] 贺雪峰. 乡村治理的社会基础：转型期乡村社会性质研究［M］. 北京：中国社会科学出版社，2003.

[26] 贺雪峰. 新乡土中国：转型期乡土社会调查笔记［M］. 桂林：广西师范大学出版社，2003.

[27] 黄淑娉. 黄淑娉人类学民族学文集［M］. 北京：民族出版社，2003.

[28] 刘晓春. 仪式与象征的秩序：一个客家村落的历史、权力与记忆［M］. 北京：商务印书馆，2003.

[29] 赵旭东. 权力与公正：乡土社会的纠纷解决与权威多元［M］. 天津：天津古籍出版社，2003.

[30] 海登·怀特. 后现代历史叙事学［M］. 陈永国，张万娟译. 北京：中国社会科学出版社，2003.

［31］乔纳森·弗里德曼. 文化认同与全球性过程［M］. 郭建如译. 北京：商务印书馆，2003.

［32］吉尔兹. 地方性知识［M］. 王海龙，张家宣译. 北京：中央编译出版社，2004.

［33］帕特里克·加登纳. 历史解释的性质［M］. 江怡译，北京：文津出版社，2005.

［34］陈泳超. 中国民间文学的现代轨辙［M］. 北京：北京大学出版社，2005.

［35］费孝通. 乡土中国［M］. 北京：北京出版社，2005.

［36］张士闪. 乡民艺术的文化解读：鲁中四村考察［M］. 济南：山东人民出版社，2006.

［37］赵世瑜. 大历史与小历史：区域社会史的理念方法与实践［M］. 北京：生活、读书、新知三联书店，2006.

［38］李伯重. 江南农业的发展，1620—1850 年［M］. 王湘云译. 上海：上海古籍出版社，2006.

［39］傅衣凌. 明清时代商人及商业资本/明代江南经济初探［M］. 上海：中华书局，2007.

［40］吴毅. 记述村庄的政治［M］. 武汉：湖北人民出版社，2007.

［41］哈拉尔德·韦尔策. 社会记忆：历史、回忆、传承［M］. 季斌，王立君，白锡堃译. 北京：北京大学出版社，2007.

［42］黄平. 乡土中国与文化自觉［M］. 上海：生活·读书·新知三联书店，2007.

［43］林耀华. 金翼：中国家族制度的社会学研究［M］. 庄孔韶，林宗成译. 上海：生活·读书·新知三联书店，2008.

［44］张禹东，刘素民. 宗教与社会：华侨华人宗教、民间信仰与区域宗教文化［M］. 北京：社会科学文献出版社，2008.

［45］阎云翔. 私人生活的变革：一个中国村庄里的爱情、家庭与亲密关系（1949—1999）［M］. 龚小夏译. 上海：上海书店出版社，2009.

［46］贺雪峰. 村治模式［M］. 济南：山东人民出版社，2009.

［47］爱德华·希尔斯. 论传统［M］. 傅铿，吕乐译. 上海：上海人民出版社，2009.

［48］阿格妮丝·赫勒. 日常生活［M］. 衣俊卿译. 重庆：重庆出版社，2010.

［49］董馨. 文学性与历史性的融通：海登·怀特历史诗学研究［M］. 北京：中国社会科学出版社，2010.

［50］高丙中. 中国人的生活世界：民俗学的路径［M］. 北京：北京大学出版社，2010.

［51］李培林. 村落的终结：羊城村的故事［M］. 北京：商务印书馆，2010.

［52］唐晓腾. 中国乡村的嬗变与记忆：对城市化过程中农村社会现状的实证观察［M］. 北京：中国社会科学出版社，2010.

［53］赵世瑜. 大河上下：10 世纪以来的北方城乡与民众生活［M］. 太原：山西人民出版社，2010.

［54］赵旭东. 本土异域间：人类学研究中的自我、文化与他者［M］. 北京：北京大学出版社，2011.

［55］汪民安，陈永国. 后身体：文化、权力和生命政治学［M］. 长春：吉林人民出版社，2011.

［56］郭于华. 倾听底层：我们如何讲述苦难［M］. 桂林：广西师范大学出版社，2011.

［57］王晓葵. 民俗学与现代社会［M］. 上海：上海文艺出版社，2011.

［58］王雪萍. 传统与现代：中国历史学研究十年［M］. 哈尔滨：黑龙江大学出版社，2011.

［59］刘克祥. 蚕桑丝绸史话［M］. 北京：社会科学文献出版社，2011.

［60］王思明，沈志忠. 中国农业文化遗产保护研究［M］. 北京：中国社会科学技术出版社，2012.

［61］顾希佳，王曼利. 杭罗织造技艺［M］. 杭州：浙江摄影出版社，2012.

［62］阿斯特莉特·埃尔，冯亚琳. 文化记忆理论读本［M］. 北京：北京大学出版社，2012.

［63］张康之. 共同体的进化［M］. 北京：中国社会科学出版社，2012.

［64］兰林友. 本土的解说：宗族族群与公共卫生的人类学研究［M］. 北京：中国社会科学出版社，2012.

［65］张梅兰. 隐喻：在历史与现实的双重叙事中完成［M］. 武汉：华中科技大学出版社，2013.

［66］杨念群. 昨日之我与今日之我：当代史学的反思与阐释［M］. 北京：北京师范大学出版社，2013.

［67］张银锋. 村庄权威与集体制度的延续 "明星村"个案研究［M］. 北京：社会科学文献出版社，2013.

［68］劳格文，科大卫. 中国乡村与墟镇神圣空间的建构［M］. 北京：社会科学文献出版社，2014.

［69］王晓磊. 社会空间论［M］. 北京：中国社会科学出版社，2014.

［70］杨祥银. 口述史研究［M］. 北京：社会科学文献出版社，2014.

［71］翟恒兴. 走向历史诗学：海登·怀特的故事解释与话语转义理论研究［M］. 杭州：浙江大学出版社，2014.

［72］张士闪. 中国民俗文化发展报告 2013［M］. 北京：北京大学出版社，2014.

［73］赫尔曼·鲍辛格. 技术世界中的民间文化［M］. 户晓辉译. 桂林：广西师范大学出版社，2014.

［74］费莉萍，周江鸿. 德清扫蚕花地［M］. 杭州：浙江摄影出版社，2014.

［75］惠富平. 中国传统农业生态文化［M］. 北京：中国农业科学技术出版社，2014.

［76］阿诺德·汤因比. 一个历史学家的宗教观［M］. 晏可佳，张龙华译. 上海：上海人民出版社，2014.

［77］卢克·马特尔. 社会学视角下的全球化［M］. 沈阳：辽宁人民出版社，2014.

［78］陈新，彭刚. 文化记忆与历史主义［M］. 杭州：浙江大学出版社，2014.

［79］陈泳超. 背过身去的大娘娘：地方民间传说生息的动力学研究［M］. 北京：北京大学出版社，2015.

［80］吴利民，张琳，颜剑明，等. 桐乡高杆船技［M］. 杭州：浙江摄影出版社，2015.

［81］王加华. 被结构的时间：农事节律与传统中国乡村民众年度时间生活：以江南地区为中心的研究［M］. 上海：上海古籍出版社，2015.

［82］叶明儿. 浙江湖州桑基鱼塘系统［M］. 北京：中国农业出版社，2017.

（三）期刊文献

［1］夏鼐. 我国古代蚕、桑、丝、绸的历史［J］. 考古，1972，（02）：12-27.

［2］丁贤劼，冯兴松，杨治明. 杭嘉湖地区农业发展战略初步研究［J］. 浙江

农业科学，1983，（06）：276-282.

［3］余宜湘. 杭嘉湖地区农业发展战略初探［J］. 浙江农业大学学报，1984，（04）：89-95.

［4］李伯重. "桑争稻田"与明清江南农业生产集约程度的提高：明清江南农业经济发展特点探讨之二［J］. 中国农史，1985，（01）：1-11.

［5］钱庭旭，钱竹亭，王丕承. 杭嘉湖地区蚕业发展战略探讨［J］. 农业现代化研究，1985，（03）：16-19.

［6］蒋兆成. 明清时期杭嘉湖地区乡镇经济试探［J］. 中国社会经济史研究，1986，（01）：62-72.

［7］范金民. 明清杭嘉湖农村经济结构的变化［J］. 中国农史，1988，（02）：15-23.

［8］蒋兆成. 论明清杭嘉湖地区蚕桑丝织业的重要地位［J］. 杭州大学学报（哲学社会科学版），1988，（04）：11-25.

［9］李宾泓. 我国蚕桑丝织业探源［J］. 地理研究，1989，（02）：28-34.

［10］张海英. 明清时期江南地区商品市场功能与社会效果分析［J］. 学术界，1990，（03）：44-50＋31.

［11］项文惠. 明清杭嘉湖地区农业经济结构之演变［J］. 江苏社会科学，1991，（05）：55-59.

［12］赵丰. 唐代蚕桑业的地理分布［J］. 中国历史地理论丛，1991，（02）：73-87.

［13］郑云飞. 明清时期的湖丝与杭嘉湖地区的蚕业技术［J］. 中国农史，1991，（04）：57-65.

［14］陈学文. 明清时期杭嘉湖地区的蚕桑业［J］. 中国经济史研究，1991，（04）：91-103.

［15］董君舒，李卫宁，叶晓云，等. 杭嘉湖地区农业投入状况调查［J］. 浙江经济，1995，（08）：4-7.

［16］李伯重. 明清江南蚕桑亩产考［J］. 农业考古，1996，（01）：196-201＋212.

［17］稻田清一，张桦. 清末江南一乡村地主生活空间的范围与结构［J］. 中国历史地理论丛，1996，（02）：223-237＋239-246.

［18］毛雪晶. 试论杭嘉湖平原的蚕俗文化及其民族性［J］. 浙江档案，1997，（05）：41-42.

［19］吴峻. 近代杭嘉湖地区的农业专业化生产［J］. 中国农史，1998，（01）：60-66.

［20］周金钱. 浙江蚕区的变化及其发展趋势［J］. 蚕桑通报，1999，（01）：15-17.

［21］虞云国. 略论宋代太湖流域的农业经济［J］. 中国农史，2002，（01）：64-74.

［22］陈学文. 市场与明清太湖南岸土地资源的开发［J］. 江南论坛，2002，（06）：46-47.

［23］姚培锋. 南宋两浙地区城镇居民的社会生活：以杭嘉湖地区为例［J］. 赣南师范学院学报，2003，（04）：98-102.

［24］冯贤亮. 明清江南乡村民众的生活与地区差异［J］. 中国历史地理论丛，2003，（04）：140-152＋162.

［25］王加华. 分工与耦合：近代江南农村男女劳动力的季节性分工与协作［J］. 江苏社会科学，2005，（02）：161-168.

［26］潘中华，贡成良，甘小兵. 世界蚕桑业的发展对中国蚕桑业发展的启示［J］. 广西蚕业，2005，（01）：24-27.

［27］陈敏刚，金佩华，黄凌霞，等. 中国蚕桑生态系统能值分析［J］. 应用生态学报，2006，（02）：233-236.

［28］潘美良，吴海平，周勤，等. 浙江省蚕桑专业合作社现状与发展对策［J］. 中国蚕业，2006，（02）：15-19.

［29］徐萍，毛小报，王美青，等. 浙江省蚕桑产业发展现状、问题与前景［J］. 安徽农学通报，2007，（05）：91-93.

［30］王云才，石忆邵，陈田. 江南古镇商业化倾向及其可持续发展对策：以浙北三镇为例［J］. 同济大学学报（社会科学版），2007，（02）：49-54.

［31］陶红，张诗亚. 蚕桑文化的符号构成及礼治内涵解析［J］. 西南大学学报（社会科学版），2007，（06）：171-177.

［32］方福祥. 明清杭嘉湖慈善组织的特征分析：兼论公共领域与市民社会［J］. 浙江社会科学，2007，（06）：153-159.

［33］张晴，周振亚，罗其友. 我国桑蚕业发展现状及对策［J］. 农业经济问题，2008，（01）：18-21.

［34］刘士林. 江南文化与江南生活方式［J］. 绍兴文理学院学报（哲学社会

科学版），2008，（01）：25-33.

［35］陈剑峰. 试述宋至明清时期杭嘉湖地区人地关系的调适［J］. 东岳论丛，2008，（04）：121-125.

［36］刘旭青. 祈蚕歌与蚕桑文化：以杭嘉湖地区为例［J］. 湖州师范学院学报，2009，（05）：29-33.

［37］廖森泰，肖更生，施英. 蚕桑资源高效综合利用的新内涵和新思路［J］. 蚕业科学，2009，（04）：913-916.

［38］小田. 论近代性江南村落女红［J］. 中国经济史研究，2010，（03）：54-64.

［39］周勤，吴海平. 浙江蚕桑产业"十二五"发展对策研究［J］. 丝绸，2011，（02）：62-65.

［40］潘美良. 浙江省蚕桑生产服务体系建设现状及其发展思路［J］. 中国蚕业，2011，（02）：49-54.

［41］方旭东，张建华，许冠钧. 论蚕桑产业发展趋势及对策［J］. 科技和产业，2011，（05）：4-9.

［42］李岑，刘晓鸽，陈龙，等. 杭嘉湖平原蚕桑业发展制约因素的调查研究［J］. 商场现代化，2011，（22）：39-40.

［43］小田. 近代歌谣：村妇生活的凭据：以江南为例［J］. 江苏社会科学，2011，（04）：203-211.

［44］李建琴，顾国达，封槐松. 我国蚕桑生产的区域变化：基于1991—2010年的数据分析［J］. 中国蚕业，2011，（03）：28-41.

［45］王加华. 被结构的时间：农事节律与传统中国乡村民众时间生活：以江南地区为中心的探讨［J］. 民俗研究，2011，（03）：65-84.

［46］常建华. 中国社会生活史上生活的意义［J］. 历史教学（下半月刊），2012，（01）：3-19＋70.

［47］李建琴，顾国达，邱萍萍，等. 我国蚕桑生产效率与效益的变化分析：基于107个蚕桑基地县的调查［J］. 中国蚕业，2012，（04）：1-7.

［48］小田. 近代江南村妇的日常空间［J］. 清华大学学报（哲学社会科学版），2013，（02）：66-75＋159-160.

［49］廖森泰，向仲怀. 论蚕桑产业多元化［J］. 蚕业科学，2014，（01）：137-141.

［50］李发，向仲怀. 先秦蚕丝文化论［J］. 蚕业科学，2014，（01）：126-136.

［51］常建华. 明代日常生活史研究的回顾与展望［J］. 史学集刊，2014，（03）：

95-110.

［52］董久鸣，潘美良，吴海平．浙江省蚕桑资源综合利用现状及发展对策［J］．蚕桑通报，2014，（03）：1-4.

［53］封槐松，李建琴．新中国60年蚕桑业发展历程与特点［J］．中国蚕业，2014，（03）：1-10.

［54］熊超，胡兴明．东桑西移与北桑南移：蚕桑产业转移动因分析［J］．中国蚕业，2015，（01）：40-46＋50.

［55］鲁兴萌．蚕桑产业的现代化与可持续发展［J］．中国蚕业，2015，（01）：1-5.

［56］叶继红．失地农民职业发展存在的问题与对策分析：以杭嘉湖地区为例.

［57］福建农林大学学报（哲学社会科学版），2015，（04）：16-20.

［58］陈阜新．浙江省蚕桑资源循环利用的现状与思考［J］．蚕桑通报，2016，（01）：35-36.

［59］刘战慧，刘昕昕．"一带一路"战略下湖州蚕桑文化旅游开发研究［J］．浙江农业科学，2016，（03）：431-435.

［60］周勇军．日常生活史视野下的太平天国运动与江南乡村绅士：以浙江海宁管庭芬为例［J］．嘉兴学院学报，2016，（04）：54-59＋117.

［61］高小康．歧路寻羊：非遗如何走向活态传承？［J］．文化遗产，2016，（05）：1.

［62］张士闪．礼俗互动与中国社会研究［J］．民俗研究，2016，（06）：14-24＋157.

［63］赵世瑜，李松，刘铁梁．"礼俗互动与近现代中国社会变迁"三人谈［J］．民俗研究，2016，（06）：5-13.

［64］高文成．杭嘉湖地区土地利用变化对生态服务价值影响［J］．农村经济与科技，2016，（21）：53-55.

［65］刘炳涛．明代气候变化对江南日常生活及生产的影响［J］．地方文化研究，2016，（06）：53-59.

［66］皮国立．湿之为患：明清江南的医疗、环境与日常生活史［J］．学术月刊，2017，（09）：131-144.

［67］张洁，梁大刚，苘娜娜．杭州蚕桑文化旅游发展的SWOT分析［J］．丝绸，2017，（11）：45-49.

［68］汪湛穹，小田. 论江南乡村社会的艺术化育：基于近代苏州评弹的社会性考察［J］. 河北学刊，2018，（02）：70-77.

［69］郝佩林. 节日狂欢与日常"律动"：苏州评弹与近代江南乡土休闲节律［J］. 文化艺术研究，2018，（01）：81-89.

［70］毛云岗. 探论环太湖地区蚕桑音乐的主要研究途径［J］. 艺术评鉴，2018，（07）：10-12.

［71］王加华. 教化与象征：中国古代耕织图意义探释［J］. 文史哲，2018，（03）：56-68＋166.

［72］朱江. 我国传统文化生态系统的修复与再生：以浙江海宁中国蚕桑丝织文化遗产生态园为例［J］. 小城镇建设，2018，（07）：63-70.

［73］连恩团，蔡碧凡，金佩华，等. 休闲农业活动体验效益评估：以浙江湖州两家蚕桑主题农场为例［J］. 中国农业资源与区划，2018，（10）：246-255.

［74］王宏堃. 民国时期文学作品中的江南乡村社会研究［J］. 才智，2018，（32）：207.

［75］尹阳硕，王玉德. 明清时期江南家训的践行及其社会影响［J］. 学习与实践，2018，（12）：134-140.

［76］张士闪. 当代村落民俗志书写中学者与民众的视域融合［J］. 民俗研究，2019，（01）：14-27＋156.

［77］丁贤勇. 日常生活中的江南：交通史视野下的一个解读［J］. 浙江社会科学，2019，（01）：139-149＋160.

［78］陈岭. 秩序崩溃：咸同之际江南民众的战时逃难与日常生活［J］. 军事历史研究，2018，（03）：74-89.

［79］兰章宣，汪本学. 发掘·解构与重构：基于文化生态视角的江南蚕桑丝织农业文化遗产的一个研究框架［J］. 安徽农业科学，2019，（10）：243-248.

［80］丁愫卿. 从《天工开物》看明代杭嘉湖丝绸文化［J］. 中国民族博览，2019，（16）：97-98.

［81］肖瑱，许孟巍，李玲，等. 大运河文化带江南地区手工艺非遗的活态传承与创新发展［J］. 轻纺工业与技术，2020，（08）：122-125.

［82］刘铁梁，黄永林，徐新建，等."礼俗传统与中国社会建构"笔谈［J］. 民

俗研究，2020，（06）：5-45.

［83］小田.风土与时运：江南乡民的日常世界［J］.近代史研究，2021，（02）：116.

［84］李建琴，顾国达.2022年我国蚕桑产业发展趋势与政策建议［J］.中国畜牧杂志，2022，（03）：270-274.

［85］常建华.清乾嘉时期浙江杭嘉湖地区的社会经济与生活：以刑科题本为基本资料［J］.中原文化研究，2023，（03）：73-82.

［86］胡勇军.淞沪会战前后一位江南乡绅的日常生活与见闻：以《徐兆玮日记》为中心［J］.日本侵华南京大屠杀研究，2023，（02）：112-122＋143.

［87］汪湛穹，小田.近代江南庙会演剧俗例探析［J］.民俗研究，2023，（05）：111-119＋159.